Das Bier

und

seine Bereitung einst und jetzt.

———

Freie zymotechnische Studien

von

Hans von der Planitz

Braumeister in Christiania,

vormals Zymotechniker an der Aktienbrauerei St. Pauli in Hamburg und an der wissenschaftlichen Versuchs-Station
für Brauerei in München.

————

München.

Druck und Verlag von R. Oldenbourg.

1879.

Herrn Dr. Carl Lintner,

kgl. Professor der Chemie und Leiter der technologischen Abtheilung an der kgl. bayer. landwirthschaftlichen Centralschule in Weihenstephan bei Freising,

als Zeichen besonderer Hochachtung und Verehrung

gewidmet

vom

Verfasser.

Vorrede.

Der von Seite des Herrn H. v. d. Planitz seinerzeit ausgesprochene Wunsch, ich möchte seinen freien zymotechnischen Studien: „**Das Bier und seine Bereitung einst und jetzt**" ein Vorwort widmen, macht es mir zur angenehmen Pflicht, das nun in die Oeffentlichkeit tretende, mit Fleiss und Ausdauer vollendete Werkchen mit einigen einleitenden Worten zu begleiten.

Der Verfasser, welcher mit grossem Eifer in den vorhergehenden Jahren der Zymochemie ergeben war, zeigt in dem Opus, dass sein Streben nach Vervollkommnung und Bereicherung des Wissens sich über die engeren Grenzen des Laboratoriums erstreckte. Unter Mithilfe seines Bruders Alphons, der sich das Geschichtsstudium zum Lebensberufe gewählt hat, ist es demselben gelungen, in anziehender Weise, von den in das mythische Zeitalter reichenden Anfängen der Geschichte des Bieres bis in das moderne Zeitalter der Zymotechnik, dem Leser alle Phasen der Entwicklung des Braugewerbes in einem Bilde vorzuführen. Ich unterlasse die nähere Besprechung der einzelnen Abschnitte und erwähne nur, dass die kulturhistorische Seite sehr günstig hervortritt und die Anordnung eine äusserst gelungene, das Nachschlagen erleichternde ist.

Es kann als ein Zeichen ernsteren Denkens betrachtet werden, wenn man sich mit der Geschichte seines Faches oder Gewerbes vertraut zu machen sucht, und ein erfreuliches Zeichen unserer Zeit ist die Thatsache, dass Geschichtsforschung und historische Bearbeitungen ein immer wachsendes Interesse erwecken. So werden denn manchem Brauer die vorliegenden Studien eine willkommene Lektüre bilden; ja selbst der Laie auf dem Gebiete der Zymotechnik, auf welchen gleichwohl die Schicksale und die Vervollkommnung des „edlen Gerstensaftes" einige Anziehungskraft ausüben könnten, dürfte daraus in der angenehmsten Weise Belehrung schöpfen. Möchte das Schriftchen ferner dazu beitragen, die in unseren Tagen leider so häufig wieder auftauchenden irrigen Ansichten über „Bierbereitung und Bierverfälschung" u. s. w. aufzuklären und zu beseitigen. Somit wünsche ich demselben einen recht weit verzweigten Leserkreis!

München im Mai 1879.

L. Aubry,
Director der wissenschaftlichen Station für Brauerei.

Inhalts-Verzeichniss.

———

Inhalts-Verzeichniss.

Einleitung.

Studien sind keine Dogmen, die mit apodiktischer Bestimmtheit Anspruch auf „so und nicht anders" machten — Studien sind aber auch keine subjektiven Meinungs-äusserungen mit „könnte, möchte, dürfte", sondern es sind Produkte eines vergleichenden Processes, die einestheils als objektive Ergebnisse, gestützt auf Forschung und Beweis, sich darbieten, anderntheils als Thesen im Verlaufe der Arbeit an die Oberfläche gestiegen und mehr als neue Gesichtspunkte, denn als dokumentirte Sätze Beachtung wünschen. Freilich ist bei Hypothesen streng zu unterscheiden zwischen solchen, welche sich auf das historische Gebiet erstrecken, und solchen, welche sich mit der Sache selbst beschäftigen. In beiden Fällen ist das Kriterium unserer Subjektivität, welche sich an gegebene Punkte anklammert, das Entscheidende; aber während im letzteren Falle der Denkprocess stets von konkreten Thatsachen auf das Abstrakte hin-arbeitet, dem aufgestellten Allgemeinen alles Einzelne unterzuordnen, und darin eine Bestätigung seiner Voraussetzung zu erlangen trachtet, alles Fragliche und Unbestimmte über Bord wirft, haftet die Geschichte am Konkreten, stellt ihr Material aus Begeben-heiten, die an Ort und Zeit gebunden sind, zusammen, sucht gerade alles Veraltete, längst von der Wissenschaft Umgestossene, hervor, um so wenigstens da, wo alle anderen Hilfsmittel zurückbleiben, durch Kombination und Vergleichung ein mit dem ganzen Gerippe harmonirendes Glied zu formiren. Dieses Verfahren darf freilich nur dort ausgeführt werden, wo der Archäologe in einer totalen Wüste steht; denn wollte er da, wo fixe Anhaltspunkte existiren, mit Fata Morgana operiren, so wäre das eine Mittel und Zweck verkennende Praxis. Es ist daher die Pflicht eines kritisch zu Werke gehenden Bearbeiters, alles das zu sichten, was bereits früher über die speciellen Punkte ausgesprochen und aufgestellt worden, jede disparate Meinung zu beleuchten und mit den etwa neu zu Tage getretenen Anhaltspunkten zu sondiren. Freilich wird dadurch die Kritik nicht selten von einem Dilemma ins andere geworfen, da die diversen historischen Notizen nicht immer dieselbe Autorität beanspruchen können. Es giebt ja oft Fälle, wo der Historiker geradezu Lachen erregte, wollte er mit einer ein-zigen, aus sehr fraglichen Kodexen stammenden Chroniknachricht ein längst festgewurzeltes System aus der Erde reissen. In solchen Fällen ist der alleinige — man möchte fast sagen, unfehlbare — Prüfstein die allgemeine Kulturgeschichte, als deren Specialausführung jede solche Arbeit anzusehen ist.

Der Mensch, der Träger der Weltgeschichte, ist bedingt durch die physischen und moralischen Eindrücke, welche auf ihn wirken. Durch sie wird der äussere und innere Charakter der einzelnen Menschen gebildet, welche zusammen die Stempel der Völker, die Triebfedern der Geschichte formiren. Klima, Boden, Beschäftigung, Speise, Trank sind Hauptfaktoren des ersteren, jedes trägt das 'Seine zur Geschichte der Kultur und damit zu der des Erdballs bei, und so wird auch unserem Getränke, dem Biere, seine entsprechende Bedeutung nicht abgesprochen werden können. Wenn aber nun wirklich feststeht, dass jedes dieser einzelnen Prädikate so eng mit der ganzen Kulturentfaltung verwachsen ist, so wäre es doch geradezu absurd, die Geschichte derselben aus sich selbst heraus oder aus längst charakterisirten Träumereien gewisser Chronikpoëten und Kompilatoren konstruiren zu wollen: erst die Kulturgeschichte, dann die Monumente und archivalischen Nachweise — Phantasie und Ausmalung überlasse man dem Leser.

Sind diese Principien acceptirt, so versteht es sich per se, dass es sich nun nicht um ein historisches Materialienlexikon, um ein chronologisches Magazin handeln kann, in welchem vergilbte Bierrechnungen und längst vergessene Cervislieder aufgestapelt werden, sondern bei möglichster Vermeidung jedes subordinirten Details muss eine einheitliche, causale Vorführung aller Hauptmomente in der Geschichte des Bieres, welche den zeitweiligen Zustand des ganzen zymotechnischen Gebietes überblicken und begreifen lassen, angestrebt werden — nur eine solche systematische Bearbeitung kann einen Anspruch auf Geschichte machen; möge man andersartige Anläufe Bierchronik, historische Notizensammlung u. dgl. nennen, geschichtlichen Stempel tragen sie keinen.

Dass es der Leser in dem Vorliegenden nur mit einem ersten Versuche zu thun hat, bedarf wohl nicht der besonderen Hervorhebung, um so mehr als jeder oberflächliche Kenner der zymologischen Litteratur weiss, wie wenig gerade diese Seite bis dato beachtet worden, wenn auch Arbeiten wie die Grässe's stets ihr Verdienst behaupten werden; allein gerade dieser Autor hat doch zu wenig das totale Gebiet berücksichtigt und mehr die Poësie und den Mythus des Gerstensaftes im Auge behalten, was bei der nicht fachmännischen Richtung des Autors vorauszusetzen war.

Bei dem ersten Federansatz drängt sich dem Geschichtschreiber naturnothwendig die Frage auf, was ist denn eigentlich das, um dessen willen nun ein halbes Dutzend Bogen verschmiert werden sollen? Was versteht man unter Bier? Eine sonderbare Frage, als ob nicht jeder Schuljunge, der das erste Mal heimlich in eine Kneipe schlüpft, wüsste, dass es ein Gebräu aus Malz und Hopfen ist, worunter er sich im Princip dasselbe denkt, was Sell in seiner exakten Definition ausgesprochen: „Bier ist eine gegohrene Flüssigkeit, welche aus Dekoktionen resp. Infusionen Cerealien entstammender, Stärkemehl enthaltender, durch den Keimprocess modificirter Substanzen bereitet ist, der man eine gewisse Menge Hopfen zugesetzt hat und die sich noch in einem gewissen Zustande der Nachgährung befindet." Gewiss! und doch ist eine derartige Begriffsbestimmung für den Historiker von sehr beschränktem Werthe. Es ist bereits nicht ohne Grund angedeutet worden, dass die Geschichte zum Theil mit Materialien arbeite, welche von dem gegenwärtigen Stande der exakten Wissenschaft als völlig unbrauchbar, selbst oft widersinnig betrachtet werden müssen. Wollte Jemand an dieser Sell'schen Definition festhalten, so dürfte er zwei Drittel dieser Arbeit unter die Makulatur werfen und würde sich damit trotz seines streng wissenschaftlichen Motives ein entsetzliches Armuthszeugniss ausstellen. Die Sell'sche Definition reicht — die weitesten Grenzen gezogen — nicht über die Völkerwanderung hinaus; vor ihr ward Hopfen, ein integrirender Theil des modernen Bieres, nicht verwendet, und doch spricht man von Bieren des Alterthums!

Legen wir einmal die streng zymologische Lupe bei Seite und betrachten wir uns die Sache mit einer allgemeineren Brille. Man spricht und sprach von Gerstenbier, Weizen- und Haferbier, von ober- und untergährigem Gerstentranke, von Dekoktions-Infusionsbier, von rothem, weissem und braunem Bier, von Schank- und Luxusbier, von süssem und starkem Bier, von Wermuth-, Salbei-, Ysop-, Hirschzungen-, Ochsen-zungen-, Beifussbier, von Poley-, Nelken-, Rosmarinen-, Lorbeer-, Melissen- und Haselwurzbier, von Lavendel-, Wacholder-, Kirsch- und Eichenblätterbier u. s. w. in infinitum, und doch wird Niemandem einfallen, im Ernste zu behaupten, das eine oder andere der genannten sei kein Bier. Jeder fühlt unbewusst, es existiren Merkmale, die allen gemeinsam sind, welche alle diese Arten unter einander verbinden, und doch ist nicht eines genau dasselbe was das andere. Die Sell'sche Definition, von rein modernem Standpunkte abgegeben, lässt sich nicht auf die Hälfte der genannten Arten ausdehnen und ist somit für diese Forderung zu eng gefasst. Der Historiker bedarf allgemeinerer, sein ganzes geschichtliches Gebiet umspannender Merkmale, welche gewissermassen den Kern aller Nuancen darstellen. Man findet dieselben leicht durch Vergleichung, es sind die Specifica: Getreide, Wasser, Ingredienz und Gährung. Wenn im Laufe der Geschichte verschiedene Ansätze unter diversen Namen (Untergährung, Obergährung, Kräuter etc.) sich geltend machen werden, so sind derartige Erscheinungen gerade als eigentlich historische Merkmale zu bezeichnen; denn darin liegt ja eben die Bedeutung des Historischen, dass seine Phänomene nicht konstant bleiben, dass eine Veränderung, eine Entwicklung stattfindet. Eine Analogie kann aus der Gegenwart citirt werden. Man hört nicht selten die Aeusserung, dass selbst die Bierbrauerei der Mode unterworfen sei, dass bald blasses, bald dunkles, bald süsses, bald bitteres Bier bevorzugt werde. Was ist das aber anderes als ein Merkmal, dass wir nicht an einen Stillstand gebunden sind?

Zur Beurtheilung der theoretischen Ausführungen ist noch ein anderer Punkt zu berühren. Man ist unter Fachleuten gewohnt, die Chemie als Hilfswissenschaft der Bierbrauerei anzusehen und zu bezeichnen, ohne sich weiter über die Konsequenzen dieser Ansicht klar zu sein, trotzdem der menschliche Geist verlangt, dass alle Bethätigung in ein harmonisches Ganze gefügt und scheinbare Gegensätze vermittelt werden, d. h. dass das Gesammte auf ein einheitliches Princip zurückgeführt werde. Dieses Princip spricht sich bei der Chemie darin aus, dass sie die Wissenschaft derjenigen Erscheinungen ist, bei welchen eine wesentliche Veränderung der Gegenstände stattfindet, die zur Hervorbringung dieser Erscheinungen dienen. Dass nach diesem Axiom das Bier ein chemisches Objekt ist, steht ausser Frage. Wie aber kann da noch von einer Hilfswissenschaft die Rede sein, wenn sich die Bierbrauerei als Specialzweig der Chemie unterordnet? Und nicht bloss wissenschaftlich-theoretisch, auch historisch bestätigt sich diese Wahrheit. Man hat die Chemie eine der jüngeren Wissenschaften genannt; die organische Chemie speciell, wohin die Bierbrauerei zu verweisen, ist ja, wie bekannt, sehr jungen Datums; soll ich da noch besonders beifügen, in wie engem Zusammenhang der moderne Aufschwung der Bierbrauerei mit dem späten Auftreten dieser steht; soll ich noch besonders betonen, wie bewusstlos gearbeitet wurde, ehe die Chemie die Biererzeugung als ihr Specifikon betrachtete? — Man vergleiche selbst die Geschichte und urtheile. Darin aber, dass die Bierbrauerei der Chemie subordinirt ist, liegt die Berechtigung der Forderung, welche chemische Bildung für Bierbrauer beansprucht, darin die Ignoranz des Haufens, über Verwendung der Chemiker in den modernen Etablissements zu renommiren, darin der Grund, welcher die Bierbrauerei über das gewöhnliche Gewerbe erhebt.

                                                    H. v. d. Planitz.

Zeitalter der reinen Praxis.

Das Bier im Alterthum.

Man war bis vor Kurzem geneigt, das Bier für ein specifisch nordisches Getränke zu halten, fussend auf der Mythologie des Nordens, in welcher dieser Trank eine so bedeutende Rolle spielt, und auf der Trinklust der nordischen Völker überhaupt. Indessen ist man in neuerer Zeit, trotzdem sich noch immer Vertreter dieser Ansicht finden, einer anderen Wendung beigetreten, welche die ersten Kunden über das Bier aus dem Süden, aus Aegypten holt, und es ist dieselbe auch entschieden als die richtigere zu erklären bei der Menge von Jahren, Jahrhunderten, welche uns für jenes Land als historisch erwiesen vorliegen — Zeiten, in welchen die übrige Erdkugel noch mit den Nebeln der Mythe bedeckt war. Eine andere Frage ist, woher diese Kunden genommen sind, und ob dieselben historische Autorisation besitzen.

Schon Abraham a Santa Clara, der 1711 nach Christus schrieb, sagt, die Aegypter sollen das Bier erfunden haben, und wenn er auch Herodot hiefür citirt, so kann bei dem Dilettantismus des Schreibers[1]) und der durch ihn nicht veränderten Anschauungsweise damaliger und späterer Forscher derselbe hier nicht in Betracht kommen. Erst 1864 lässt sich ein Fachmann — Habich — über das Thema vernehmen: „Osiris, König von Aegypten, soll (2000 Jahre v. Chr.) zuerst ein Gerstenbier gebraut haben, weil der dort producirte Wein nicht ausreichte, den Durst zu löschen", und nun fallen wie Hagelschlossen die Nachrichten in Zeitschriften, Broschüren und Handbüchern nieder mit der stereotypischen Einleitung: „Osiris soll . . ."; ja man findet bald, dass die Nachricht bei Diodor — er schreibt „Osiris aus Pelusium" — verzeichnet sei, und berechnet nun ganz genau das Jahr 1960 v. Chr. als das Erfindungsjahr der edlen Braukunst. Freilich bleiben auch hiefür die leidigen Varianten nicht aus, denn da schreibt Einer: „Anno 2017 v. Chr. soll Osiris . . ." und Pasteur findet es für gut, in einem Aufsatz der Revue des deux mondes den einer chronologischen Fixirung zwar entbehrenden, aber doktrinären Satz zu notiren: „Osiris hat das Geheimniss des Bierbrauens seinem Volke gelehrt."

Nun ist aber seit dem Zuge Bonaparte's nach Aegypten eine neue Wissenschaft ins Leben getreten — die Aegyptologie, welche es sich zur Aufgabe macht, die Geschichte dieses bis dahin räthselhaften Landes aus den Millionen von Hieroglyphen, die sich an den Wänden der pharaonischen Riesendenkmäler und auf den in Gräbern der Urbewohner gefundenen Papyrusrollen verzeichnet finden, zu erforschen und festzustellen, eine Arbeit, die, wie jeder Kenner weiss, trotz ihrer Schwierigkeiten schon Immenses zu Tage gefördert hat. Es liegt auf der Hand, dass jeder Forscher mit seinen Resultaten die diesbezüglichen Nachrichten der Griechen und Römer stets zur Seite legt und gewissermassen an den hieroglyphischen Prüfsteinen die Echtheit der klassischen Nachrichten über das Nilland erprobt und von Berichten, welche variiren, die Originalüberlieferung d. h. die ägyptischen Monumentaltexte als die glaubwürdigeren ansieht und bezeichnet. Weiter ist aber längst erwiesen, dass Diodor seine „Historische

---

[1]) Das Gleiche gilt von Nachrichten wie in Coler's „Oeconomia ruralis" 2, 24 etc.

Bibliothek" zu Cäsar's und Augustus' Zeit mit Hilfsmitteln, welche damals in Rom vorlagen, verfasste und bei späteren Geschichtsperioden, welche wir aus anderen klassischen Autoren sehr genau kennen, mit mancher Freiheit schaltete, fernliegende Ereignisse willkürlich in Ein Jahr zusammendrängte und oft Historisches, Mythisches und Poëtisches mit der grössten Gemüthsruhe durch einander knetete.   Es wird daher die Frage um so näher liegen, was von Diodor's ägyptischen Nachrichten [1]) anzunehmen und was zu verwerfen sei.   Schon vor mehr als 150 Jahren (1715) hat diese Frage einen Alterthumsforscher, Hermann von der Hardt [2]), beschäftigt, welcher zu dem Resultate kam, dass alles, was Diodor .erzählt, Fabel und Bacchus und Osiris Namen vieler Männer oder einer Stadt oder eines Volkes seien, unter welchen er Phocenses populos vermuthet, eine Ansicht, die natürlich als veraltet und nicht mehr ·stichhaltig zu bezeichnen ist.· Es wird daher ein anderer Weg zu wählen sein.

Der bekannte Aegyptologe Joseph Lauth hat in seinem Werke „Aegyptische Chronologie" nachgewiesen, dass die historischen Daten der ägyptischen Geschichte bis 4125 v. Chr. hinaufreichen, und sich der Verlauf der ganzen ägyptischen Zeitrechnung bis Augustus herab durch ägyptische Originalberichte verfolgen lässt.   Es würde somit nach der Aussage unserer zymotechnischen Historiographen die Anwesenheit des ägyptischen Gottes — denn die Bemerkung vorauszuschicken, dass Osiris kein König, sondern der erste Gott der ägyptischen Triade ist, hielte ich fast für eine Beleidigung des Lesers — beinahe in die Mitte der ägyptischen Chronologie, in die Herrscherepoche der Hyquschos fallen, in eine Zeit, in welcher die erste Pyramide von Kô bereits mehr als 2000 Jahre aufgethürmt war, der grosse Sphinx schon 1300 Jahre auf die ägyptischen Geschlechter herabgeblickt hatte, in eine Zeit, in welcher man nur noch 468 Jahre zu zählen hatte, bis Moses seine Stammesgenossen durch Arabia Petraea führte.   Dass aber in einer solchen von allem Mythus völlig gesäuberten Epoche der ägyptische Gott unter Menschen wandelte, wird selbst der mystischst gelaunte Leser nicht glauben wollen. Die Sache muss somit in der ägyptischen Mythologie aufgesucht werden, welche, wenn überhaupt eine Zeit hiefür angenommen werden will, vor die historische, also vor 4125 fallen muss, womit per se die arg geplagte Zahl 1960 zu Grabe wankt.   Da aber die ägyptische Mythologie eine solche Sage überhaupt nicht kennt, so fällt auch diese Ausflucht weg und es wird somit die Sage als eine unter griechischem — also sehr spätem — Einfluss entstandene zu betrachten und in Zusammenhang mit der in der hellenischen Zeit auftauchenden Vermengung des Osiris mit Bacchus zu bringen sein, wie denn auch erst Ueberlieferungen aus der griechisch-ägyptischen Zeit von derselben wissen [3]).   Der Anspruch auf historische Glaubwürdigkeit fällt hiemit von selbst weg.

Anders freilich verhält es sich mit dem, was die Griechen von dem ägyptischen Biere an sich erzählen, da sich kein Grund findet, die Glaubwürdigkeit auch hierüber zu bezweifeln, um so mehr, als der Verkehr Griechenlands mit Aegypten zur Zeit der Ptolemäer ein äusserst lebhafter war und ausserdem durch altägyptische Zeugnisse sich deren Aussagen nur bestätigen.   Wir werden übrigens dem ägyptischen Gott noch einmal begegnen, und zwar in der deutschen Geschichte, da ein bedeutender Geschichtschreiber (Aventin) ihn zum Lehrmeister des vielbesungenen Bierkönigs Gambrinus macht.

Man war früher nicht ungeneigt, besonders ehe die Forschungen der Aegyptologie weiter verbreitet waren, die Aegypter für ein steifes Kastenvolk anzusehen, ohne innere Pulsation, ohne Bewegung und Fortschreiten.   Man ist jedoch hievon etwas abgekommen, seitdem das Licht in diese ägyptische Finsterniss mehr und mehr eindringt.   Man hat sich überzeugt, dass man es mit einem hoch entwickelten Kulturvolk zu thun hat, dessen Priester nicht

---

[1]) Die hieher bezüglichen Stellen finden sich Hist. Sic. 1, 20, 34; 3, 73; 4, 2.

[2]) in seiner Schrift „In Bacchum vini et cerevisiae Aegypti inventorum pro Diodoro Siculo illustrando detecto mythologiae Graecae fundo".

[3]) Der Specialist vergleiche den bacchischen Zug nach Indien.

bloss zu opfern und zu beten wussten, sondern auch hoch auf den Pylonen der Tempel in nächtlicher Stille die Bahnen der Gestirne verfolgten, dessen Könige nicht nur im Schlacht-gewühl auf fliegenden Streitwagen zu kämpfen verstanden, sondern auch die Geheimnisse der Heilkunde studirten und anwandten. Manches mag vom Delta hinüber zu den Gestaden des ägeischen Meeres getragen worden sein, was wir heute als ausschliessliches Verdienst der Griechen bewundern: fest wenigstens steht, dass zahlreiche hellenische Weise und Gelehrte ins Land der Pharaonen fuhren und dass hier die letzten Spuren einer mächtigen Wissenschaft sich verlieren, die selbst den Namen vom Lande ihrer Geburt entlehnt (Chemi = schwarzes Land d. i. Aegypten), worauf wir etwas später zu sprechen kommen.

Unter den griechischen Autoren sind die meist citirten die zwei schon genannten Herodot (2, 77) und Diodor (hist. Sic. 1, 20, 34). Ersterer, der sich bekanntlich auf Autopsie stützt, schreibt ganz präcis: οἴνῳ δὲ ἐκ κριθέων πεποιημένῳ διαχρέωνται, οὐ γάρ σφί εἰσι ἐν τῇ χώρῃ ἄμπελοι (Sie trinken einen Wein aus Gerste bereitet, da sie keine Weinstöcke im Lande haben); doch dürfte diese letztere Behauptung in etwas beschränkterem Sinne aufzufassen sein [1]), wenngleich im heutigen Aegypten keine Weinstöcke zu finden sind, was jedoch seine Erklärung darin findet, dass den Muhamedanern der Wein verboten ist. Diodor [2]) weiss sich ganz an Herodot anzuschliessen und fügt noch bei, man nenne das Getränke ζῦθος. Auf denselben Autor sich stützend ist man noch weiter gegangen und hat das altägyptische Bier unterschieden in ein starkes, das eben genannte ζῦθος, welches Grässe für ein Gewürzbier hält, und in ein schwaches, κοῦρμι (auch κόρμα, bei den Galliern corma). Uebrigens tranken noch die späteren Araber im 13. Jahrhundert in Aegypten trotz der Ver-bote von Seiten der Kalifen zwei Bierarten, fokka und mazar, und es lässt sich nichts da-gegen einwenden, in diesen beiden Sorten die Ueberlieferung des ζῦθος und κόρμα zu er-blicken. Die übrigen antiken Schriftsteller [3]), die den Gegenstand besprechen, stimmen mit den obigen überein.

Es lässt sich nicht leugnen, dass diese Berichte relativ sehr späte sind, da sie nicht über 480 v. Chr. hinaufreichen; indessen existiren glücklicherweise noch Nachrichten weit älteren Datums, die für das Alter und die Allgemeinheit des Genusses sprechen. Pasteur schon hat dies in dem oben citirten Aufsatz herausgefunden, ohne jedoch es der Mühe werth zu finden, die Quelle zu citiren. Er schreibt: Es existirt ein ägyptischer Papyrus, auf welchem ein Vater seinem Sohne vorwirft, dass er immer in der Schänke sitze und Hag trinke. „Hag und Zehd sind die Namen der zwei Biergattungen, welche die Aegypter gebraut haben." Nun aber hat es der Zufall gewollt, dass dem Setzer der deutschen Originalquelle, aus welcher Pasteur schöpfte, ein Druckfehler durch die Finger schlich und derselbe statt „Haqu" Hag druckte, was der französische Gelehrte mit Ruhe kopirte, welcher Umstand es aber ermöglichte, dem Kompilator die Quelle nachzuspüren. Es wäre zu wünschen, dass auch Arbeiten, welche ihr Material aus dem Auslande holen und zudem aus ihnen ganz fremden Wissenszweigen, wenigstens dem Autor des Originals die Ehre liessen und ausserdem dem Detailforscher die Mühe ersparten, mit solchen Finden die Stoffe zu durchstöbern. Ausserdem scheint Pasteur seine Quelle sehr flüchtig besehen zu haben, da es sich nicht um eine Kor-

---

[1]) Die Hieroglyphen nennen den Wein Arp und schreiben ihn

[2]) κατασκευάζουσι δὲ καὶ ἐκ τῶν κριθῶν Αἰγύπτιοι πόμα, λειπόμενον οὐ πολὺ τῆς περὶ τὸν οἶνον εὐωδίας, ὃ καλοῦσι ζῦθος (hist. Sic. 1, 20, 34).

[3]) Aeschylos: ἀλλ' ἄρσενας, τοιτῆσδε γῆς οἰκήτορας εὑρήσετ' οὐ πίνοντας ἐκ κριθῶν μέθυ (supplices 925).

Hecatäus: τὰς κριθὰς εἰς πότον καταλεαίνοντας (Athen. Deipnosoph. 10, 418).

Plinius: Aegyptus quoque e fruge sibi potus similes excogitavit (hist. nat. 14, 29).

Vergl. auch Dioscorides 2, 110.

1*

respondenz zwischen Vater und Sohn, sondern zwischen Lehrer und Schüler handelt. Doch das sind nebensächliche Bemerkungen. Die Originalquelle findet sich im „Auslande" 1871 Nr. 21, wo der schon genannte deutsche Gelehrte Joseph Lauth durch Uebersetzung mehrerer altägyptischer „Schreiberbriefe" (das hier Citirte ist Papyrus Sallier I und Papyrus Anastasi IV) einen Einblick in die socialen Verhältnisse jener Schriftgelehrten und ihrer Schüler eröffnet [1]). Der „Schreiber" Ameneman schreibt an seinen Schüler Pentaur also: „Es ist mir gesagt worden, du vernachlässigest das Studium, sehnest dich nach Lustbarkeiten und gehst von Kneipe zu Kneipe. Wer nach Bier (haqu) riecht, ist für Alle abstossend; der Biergeruch hält die Leute fern, er macht deine Seele verhärtet (unempfindlich). Du bist wie ein Ruder, ein zerbrochenes, auf einem Schiff; du hörst auf keiner von beiden Seiten; du bist wie eine Capella ohne ihre Gottheit, wie ein Haus leer von Brod. Du findest für gut, eine Wand ein-zurennen und das Bretterthor zu durchbrechen; es laufen die Leute vor dir davon; du schlägst sie wund. Dein Ruf ist notorisch; es liegt der Gräuel des Weines auf deinem Gesichte; du schliessest mit dem Shedhu. Thue doch nicht die Krüge in dein Herz (in deine Gedanken), vergiss doch die Trinkbecher! Du bist unterrichtet im Gesange zur Pfeife, im Psalmiren zur Schalmei, im Jodeln zur Cither, im Singen zur Nazachi. Du sitzest im Saale, es umgiebt dich die Nymphe; du erhebst dich und treibst Narreteien (folgt eine aus Anstandsgründen unüber-setzbare Stelle); du sitzest vor dem Mädchen, du bist gesalbt mit Oel, es ist ein Kranz von Stechrauten an deinem Halse; du trommelst auf deinem Bauche, du strauchelst, du fällst auf deinen Bauch, du bist beschmiert mit Unrath." Ein Kommentar zu dieser eben so drastischen wie von scharfer Lebensbeobachtung zeugenden Schilderung ist wohl überflüssig. Den Schluss des Papyrus Anastasi IV bildet die Besprechung der Bierfabrikation in einer pharaonischen Brauerei. Eine Menge bis jetzt noch nicht benützter Stellen finden sich auf Grabstellen und in den Kapiteln des Todtenbuches [2]). Dass das ägyptische Bier berauschend gewesen, lässt sich neben dem angeführten Briefe auch daraus ersehen, dass die Aegypter zu sagen pflegten, es nehme den Verstand. Hopfen kannten die alten Nilumwohner nicht, doch ver-wandten sie dafür verschiedene Ingredienzien; auch unter den Arabern ward er nicht ge-braucht. Dass Gerste verwendet wurde, sagen die Hieroglyphen deutlich; dass diese gemälzt wurde, beweist die Gegenüberstellung von weisser und rother Gerste; dass Gährung vorhanden war, bestätigt die Berauschung.

Aus all dem geht hervor, dass Aegypten als das Land anzusehen ist, wo sich das Gersten-gebräu als zuerst erwiesen vorfindet, und dass, wenn auch die Erfindung desselben durch einen Gott als Fabel zu bezeichnen ist, kein Grund vorhanden ist, den Ursprung desselben in einem anderen Lande zu suchen [3]), um so mehr, als die Verbreitung desselben unter

---

[1]) Der Bayer. Bierbrauer von 1869 S. 40 weiss jedoch schon von besagtem Papyrus; dessen Quelle war uns aber nicht ermittelbar.

[2]) So liesst man auf einem schön gemeisselten Stein des kgl. Antiquariums zu München: „Mögen sie ein Todtenopfer von 1000 Broden, von 1000 (Krügen) Bier, von 1000 Ochsen, von 1000 Gänsen etc. geben." Im Todtenbuch heisst es u. A.: „Es wird ihm gegeben werden Brod, Bier, eine Fülle von Fleisch etc., es wird ihm gegeben werden Spelt (boti) und Gerste (ati)." Ein anderes Mal heisst es: „Ich esse Brod von weisser Gerste und trinke Bier von rother Gerste" oder „Ich trinke Zehd des Abends" etc. Hieroglyphisch ward das Wort geschrieben: („haquetu" ist der Plur., Sing. haqu)

Die Kopten nennen es   („hentsche").

[3]) Man vergegenwärtige sich die grosse Rolle, welche das Getreide im Nillande spielte: Der Ackerbau war es, der den Staat allein lebensfähig erhielt; im Jenseits war nach ägyptischer Anschauung Agrikultur eine Hauptbeschäftigung; den Verstorbenen gab man nicht bloss Getreide (Mumienweizen), sondern selbst Gehilfen für Bebauung der elysäischen Gefilde mit (Holz- und Tonfigurien); sollte man da nicht auf den Gedanken gekommen sein, aus dem Volksnahrungsmaterial auch ein Getränke zu erzeugen?

den übrigen Völkern des Alterthums auf Aegypten zurückweist, wie in der Folge darzuthun versucht werden wird.

Dass die angrenzenden Aethiopier von den Aegyptern Bier aus Hirse und Gerste zu brauen lernten, ist wiederholt behauptet worden, doch konnte ich keine direkten Beweise hiefür ermitteln; die Nähe der beiden Völker aber spricht für die Wahrscheinlichkeit. Noch sicherer ist dies bei den unter stark ägyptischem Einfluss stehenden Hebräern der Fall in Bezug auf ihr שֵׁכָר (Sechar, griech. σίκερα τὸ, latein. sicera), ein aus Getreide (oder Obst) bereitetes, berauschendes Getränke; die Stelle hiefür findet sich bei Isidor[1].

Um mit dem Bier in Aegypten überhaupt abzuschliessen, muss noch ein Blick auf die Gegenwart geworfen werden. Der Koran verbietet dem Muselmann den Wein; vom Bier — ob aus Vergesslichkeit oder Unkenntniss mag dahingestellt bleiben — ist darin nichts zu finden zur Freude des Gläubigen, der den Gerstensaft zu schätzen weiss. Das Gebräu war bis vor Kurzem ausschliesslich importirtes aus Oesterreich (via Triest; 1864 z. B. 10866 Ctr.), und es war ein Ereigniss, wenn ein Lloyddampfer in Alexandrien einlief. Franke und Türke, Aegypter und Araber labten sich mit musterhafter Behaglichkeit an dem österreichischen Exportbier und machten sich wenig Kopfzerbrechens über die hohe Taxe. Jetzt ist es zum Theil anders geworden. In der Hafenstadt haben sie unter den Auspicien des Vicekönigs eine grosse Brauerei mit Eis- und Kaltluftmaschinen errichtet; auch in Kairo wird jetzt bayerisches Bier gebraut, zum Verdruss der Importanten. Trotz alledem aber wird das Getränke immer theuer und somit ein Luxusartikel bleiben. Die Stammesgenossen in Arabien wissen ebenfalls das europäische Gebräu zu schätzen, und man kann dort englisches Ale neben Pilsner Export (via Triest) treffen. Drinnen im Nillande schenkt der nubische Wirth dem armen Landvolk sein Bûza, ein halb vergohrenes, säuerlich-milchiges Malzgebräu, entfernt dem Weissbier ähnlich, in seiner Schenke, einer elenden Rohrhütte; ist Erntezeit, so geschieht es draussen im Felde: ein grosser Braukessel, aus welchem mit hölzernen Näpfen geschöpft wird, vertritt die Stelle unseres Kleingebindes. Uebrigens bietet der Name Bûza eine Anknüpfung an das Hirsebier der Tartaren, welches sie Booza nennen; doch mangelt hiezu noch jedes Material.

Das antike Griechenland hat uns verschiedene Bezeichnungen überliefert, welche von den Philologen mit „Bier" übersetzt werden; ob aber jede dieser Benennungen je eine eigene Art und gerade von den Griechen getrunkene in sich schliesst, ist dadurch noch nicht entschieden. Im Gegentheil lässt sich durch Zusammenstellung der Citate und durch vergleichende Kulturgeschichte nachweisen, dass wir es nur mit präcisirten Namen zu thun haben und dass, wenn einmal ein griechischer Autor das Getränke mit hellenischen Begriffen fixiren will, er dies nur durch Umschreibungen zu Stande bringt, wie bei Xenophon (οἶνος κρίθινος = Gerstenwein), Strabo (κρίθινον πῶμα = Gerstentrank) und Anderen nachzulesen ist. Von diesen überlieferten Bezeichnungen nimmt das schon bekannte Zythos (ζῦθος, ὁ und τὸ), das erwiesenermassen seinen Ursprung in Aegypten (Zehd) genommen, die erste Stelle ein[2]. Diese Benennung ist übrigens im Alterthum nicht untergegangen, denn noch heute kann man in Polen und Böhmen Zyto verlangen hören. Der zweite Biername: Korma (κόρμα) ist eben-

---

[1] Sicera est omnis potio, quae extra vinum inebriare potest, cujus licet nomen Hebraeum sit, Latinum sonat, pro eo, quod ex succo frumenti vel pomorum conficitur, aut palmarum fructus in liquorem exprimuntur coctisque frugibus aqua pingnior quasi succus colatur et ipsa potio sicera nuncupatur (Orig. 20, 3). Nach dieser Schilderung wäre die hebräische Bereitung etwas divergent von der ägyptischen gewesen.

[2] Theophr. de causa plant. 6, 15: ὡς οἱ τοῖς οἴνοις ποιοῦντες ἐκ τῶν κριθῶν καὶ πυρῶν καὶ τὸ ἐν Αἰγύπτῳ καλούμενον ζῦθος.

Vergl. auch Galen 2, simpl. medic. 6: ζῦθος δριμύτερός ἐστι τῶν κριθῶν οὐ σμικρῷ.

Diodor hist. Sic. 1, 20, 34 (vergl. oben S. 11).

falls schon besprochen[1]). Als dritte Bezeichnung fungiren Bryton und Pinos (βρῦτον — auch βρῦτος, ὁ — und πίνος), aus Thracien stammend, wovon Theophrast (histor. plant. 4, 10) sagt: „ἐν βρίτῳ τῷ ἀπὸ τῶν κριθῶν ἕψουσι"[2]). Das δίζυθος (Dizythos, Doppelbier) endlich, von dem man hie und da lesen kann, ist nur eine Vermuthung; doch findet sich in der spätmittelalterlichen Mensa philosophica (1508) eine feine Uebersetzung desselben — cerevisia duplex.

In biergeschichtlichen Aufsätzen wird nicht selten die Bemerkung hingeworfen, dass bereits Homer ein bierähnliches Getränke gekannt habe, und dabei auf Ilias 11, 638 verwiesen. Die genannte Stelle möge deren Analyse vorausgehen:

ἐν τῷ[3]) ῥά σφι κύκησε γυνὴ εἰκυῖα θεῇσιν
οἴνῳ Πραμνείῳ, ἐπὶ δ' αἴγειον κνῆ τυρὸν
κνήστι χαλκείῃ, ἐπὶ δ' ἄλφιτα λευκὰ πάλυνεν,
πινέμεναι δ' ἐκέλευσεν, ἐπεί ῥ' ὥπλισσε κυκειῶ.

Die betreffenden Bierologen scheinen besonders durch das ἐπὶ δ' ἄλφιτα λευκὰ πάλυνεν bestochen worden zu sein, was nur mit sehr oberflächlicher Lektüre und Kenntniss der homerischen Verse zu entschuldigen ist. Die ganze hier geschilderte Manipulation, welche Hekamede vor den Augen der Helden vornimmt, ist denn doch zu divergent, um auch nur eine annähernde Analogie eines Getränkes, das an Bier erinnerte, herausfinden zu können, ganz abgesehen davon, dass sie hiezu (vergohrenen) Wein verwendet, wesshalb Voss sehr treffend κυκειῶ mit „Weinmus" übersetzt.   Dieser οἶνος Πράμνειος[4]) (Pramnischer Wein) war ein starker, herber Rothwein, mit welchem die Griechen nach der angeführten Weise diesen sehr beliebten Trunk bereiteten.   Uebrigens war der κυκτίων-Trank derselbe, durch den Kirke die Genossen des Odysseus in Säue verwandelte[5]).

Schon dieses gänzliche Fehlen eines echt griechischen Wortes für den Bierbegriff und die Kulturverhältnisse Hellas' im Allgemeinen berechtigen die Annahme, dass der Biergenuss und noch mehr die Bierbereitung dem Hellenen d. i. dem freien, feingebildeten Bürger einer griechischen Republik, unter welcher Gestalt wir gewohnt sind denselben uns vorzustellen, ferne lag.   Dazu kommt noch das Sümmchen von Nachrichten, welches uns die doch sonst so redseligen griechischen Autoren über das Getränke übermacht haben, besonders aber die Schreibweise derselben, wenn ihnen der Gerstenwein einmal in die Feder kommt.   Stets wird die Methode der Bereitung angegeben; also handelt es sich um etwas dem Publikum Unbekanntes, Ferneliegendes.   Es war ja überhaupt in der geistigen Richtung und in den gesellschaftlichen Einrichtungen der Griechen begründet, dass dieselben alles, was Arbeit und Gewerbe hiess, von sich abzustreifen suchten und den Unfreien und θῆτες (Thetes, Lohnarbeiter) überliessen.

---

[1]) S. 12 nach Diodor.

Die von Athenäus berichtete gallische Bezeichnung corma und ihr Zusammenhang mit Hellas findet unten seine Erörterung: Athen. Deipnos. 4, 152; Dioscor. 2, 110: ζῦθος σκευάζεται ἐκ τῆς κριθῆς; καὶ τὸ καλούμενον δὲ κοῦρμι σκευαζόμενον δὲ ἐκ τῆς κριθῆς, ᾧ καὶ ἀντὶ οἴνου πόματι πολλάκις χρῶνται!

[2]) „Sie sieden Bryton aus Gerste". Vergl. sodann Athen. 10, 67. Hellanicus 91. Hecat. bei Athen. 10, 447.

[3]) scilicet δέπας (Becher). Voss übersetzt die Stelle also:

Hierin mengte das Weib, an Gestalt den Göttinnen ähnlich,
Ihnen des pramnischen Weins und rieb mit eherner Raspel
Ziegenkäse darauf, mit weissem Mehl ihn bestreuend,
Nöthigte dann zu trinken vom wohlbereiteten Weinmus.

[4]) Plin. (14, 4, 6 §. 54) schreibt darüber: Et Pramnio, quod idem Homerus celebravit, etiam nunc honos durat; nascitur Zmyrnae regione juxta delubrum Matris deum.

[5]) Vergl. Odyss. 10, 234, 290, 316.

Didymi Schol. ad Hom. Iliad. 11, 129 bemerkt über denselben: κυκεὼν λέγεται τὸ ἐξ οἴνου καὶ μέλιτος καὶ ἀλφίτων καὶ ὕδατος καὶ τίρου ἀναμεμιγμένον πόμα.

Vergl. auch Theophr. char. 4.

Sie waren viel zu spekulativ angelegte Naturen, als dass sie sich hätten mit der Monotonie eines Gewerbes befassen können; in Philosophie, Kunst und Poësie gipfelten ihre Bestrebungen, das Andere lag ihnen viel zu tief und schien ihnen erniedrigend (βάναυσος, gemein, sagte der Vollhellene). Es ist daher dieses Gewerbe mit Allem, was damit in Beziehung steht, auf fremde Elemente zu beschränken und z. B. in Athen die Bekanntschaft mit demselben und seiner Erzeugung in den Arbeiterkreisen der Hafenvorstädte, der aus Scythen bestehenden Stadtwache (den 1000 τοξόται) etc., in Sparta bei den Heloten und δοῦλοι (Sklaven) zu suchen und auch hier überall wieder in sehr beschränktem, wenn nicht vereinzeltem Genusse, da der Wein zu sehr verbreitet und beliebt war. Was damit für die Ansichten, welche die Verbreitung des Bieres im Alterthum den Hellenen zuschreiben wollen, übrig bleibt, ergiebt sich schon jetzt, soll aber noch detaillirter besprochen werden.

Zu den Römern übergehend treffen wir auf ein Volk, dessen praktischem Sinne Krieg und Gesetz am nächsten lag. Die Bestrebungen der Griechen, denen sie sich später anschlossen war nur mehr oder weniger äusserlich angelernte Nachäfferei. Der Arbeit standen sie entschieden näher und Ackerbau trieben im Anfang der Republik die grössten Staatsmänner. Von Bierbrauern freilich erzählen die Historiker nichts; im Gegentheil ist erwiesen, dass die Römer das Bier verachteten[1]), und durstige Dichter der Nation, wie ein Horaz, singen nur immer von Cäcuber-[2]), Falerner-[3]), Formianer-, Calener- und Massikerwein. Auf den Wein richteten die Feinschmecker Roms ihre ganze Sorgfalt, zu dessen Aufbewahrung sie bereits Schnee- und Eiskeller[4]) benützten — nihil novi sub sole. Die cella vinaria war ein kühler nach Norden gelegener Raum; um Wein zu erfrischen, schüttelte man denselben über einem mit Schnee gefüllten saccus, davon nivarius genannt etc.

Früher hielt man die posca der Römer für Bier, was sich aber als unstichhaltig erwiesen und jetzt als eine Mischung von Weinessig und Wasser erklärt wird. Spätere lateinisch schreibende Autoren berichten noch von drei Getränken: dodra, cinnus und camum, welche man versuchte als Bier zu legitimiren. Die Stelle für dodra findet sich bei Ausonius (Epigr. 86):

Dodra vocor, quae caussa? novem species gero; quae sunt?
Jus, aqua, mel, vinum, panis, piper, herba, oleum, sal[5]).

Es mag ein recht vollmundiges Gebräu gewesen sein!! Der cinnus[6]) ist die lateinische Uebersetzung des griechischen κυκεών-Trankes, der als solcher schon fixirt und somit zu streichen ist. Das camum endlich (griech. φούκη?), welches dem Biere noch am nächsten

---

[1]) Kaiser Julian's bekanntes griechisches Epigramm auf das Bier übertrug Erasmus ins Latein:
  Bacche quis? unde venis? verum tibi dejero Bacchum
    Te haud novi, tantum est cognitus ille Jovis.
  Is nectar redolet, *hircum tu:* dic age, num te
    E spicis finxit Gallia vitis inops?
  Non igitur Bacchum te dejero, sed Cerealem,
    Et frumentigenam nec Bromium, imo Bromum.
  Vergl. auch Lübker's Reallexikon.
[2]) Plin. hist. nat. 14, 8, 1 nennt ihn die generositas celeberrima.
[3]) Plin. 14, 8, 2: secunda nobilitas.
[4]) Sen. N. Q. 4, 13, 8: officina reponendae nivis
  Sen. N. Q. 4, 13, 2: locus, quo stipantur *moles glaciatae*, ut aestatem evincant et contra anni fervorem defendantur frigore.
[5]) Ich heisse Dodra. Warum? ich enthalte neun Dinge; welche? Eine Brühe, Wasser, Honig, Wein, Brod, Pfeffer, ein Kraut, Oel und Kochsalz.
[6]) Arnob. Advers. gent. 5, 174: Sitienti ardori aggeris potionem *cinnum cyceonem quem vocant graeci.*
  Nonius Marc. 1, 207, 295: Sed proprietas verbi haec est, quod apud veteres cinnus potionis genus ex multis liquoribus confectum dici solet.

kommt, erinnert in seiner Beschreibung unwillkürlich an Flaschenbier; doch sind die bezüglichen Stellen sehr späten Datums[1]).

Wie nun etliche Zymologen dazu kommen können, in Fachschriften zu behaupten, die Römer hätten das Bier von den Griechen überkommen, ist aus dieser Sachlage nicht zu ergründen; denn wenn wir auch lesen: „cinnus, welches die Griechen cyceon nennen", so ist damit nur ausgedrückt, dass cinnus die lateinische Bezeichnung des vom Griechen cyceon benamseten Begriffes ist — ganz abgesehen davon, dass wir es hier mit einer Weinmischung zu thun haben.

Dass Spanien das Bier ebenfalls von den Griechen erhalten, scheint trotz der Stelle bei dem etwas späten Strabo (3, 155) sehr unwahrscheinlich und soll im Zusammenhang mit der im vorigen Satze angegriffenen Meinung weiter unten erörtert werden. Uebrigens gruppiren sich um die zwei in Spanien gebräuchlichen Bezeichnungen ceria und celia (calia) höchst interessante Stellen. So berichtet Plinius (hist. nat. 22, 25): Et frugum quidem haec sunt in usu medico. Ex iisdem fiunt et potus zythum in Aegypto, *celia et ceria in Hispania*, cervisia et plura genera in Gallia, aliisque provinciis; und A. Mizler schreibt 1695 eine eigene Dissertation über die celia[2]). Das Interessanteste hierüber aber ist wohl bei Orosius 5, 7 zu lesen: Subito (Numantini) portis eruperunt, larga prius potione usi, non vini, cujus ferax is locus non est, *sed succo tritici* (Weizen) *per artem confecto, quem succum a calefaciendo céliam vocant: suscitatur enim sapor austeritatis et illa ignea vis germinis madefactae frugis ac deinde siccatur et post in farinam redacta molli succo admiscetur, quo fermento calor ebrietatis adjicitur.* Bei Isidorus (Origin. 20, 3) findet sich eine Stelle[3]), die sich fast wörtlich an Orosius anschliesst, und Florus (2, 18) schreibt: *Celia sic vocant indigenae ex frumento potionem.* (Die Eingebornen nennen Celia ein Getränk aus Getreide.)

Aus all dem lässt sich mit Bestimmtheit ersehen, dass in Spanien das Bier sehr beliebt war und auch die Bereitung desselben in mehr als einem Punkte unser Brauverfahren im Prinzipe anticipirt hatte. Ein ähnliches Verhältniss finden wir in dem Nachbarlande Gallien. Dafür sprechen nicht nur Cäsar's allgemeine Schilderungen dortiger Zustände (wie z. B. über die Nervier de bell. gall. 2, 15: nullum aditum esse ad eos mercatoribus: *nihil pati vini* etc. [Händler haben keinen Zutritt: Wein wird keiner geduldet]), sondern auch die präcisen und positiven Nachrichten diverser antiker Schriftsteller[4]) über das gallische Bier und seine Be-

---

[1]) Simeon Seth. De Alimentis: Camum sicera, potus factus ex hordeo (Gerste) et aliis rebus calidis, ut zinziber, et similia, *quae ponuntur in testaceis parvis bene obturatis* (in gut verschlossene Steinkrüglein) *et cum aperiuntur, salit in altum et vocatur cerevisia.* Es ist somit eine falsche Behauptung, wenn euglische Bierologen die Erfindung des Flaschenbieres einem Engländer (Alexander Nowell, unter der Königin Maria lebend) zuschreiben.

Ulpianus Lex L. IX.: certe zythum, quod in quibusdam provinciis ex tritico, vel hordeo vel pane conficitur, non continebitur; simili modo nec *camum* nec cerevisia continebitur, nec hydromel.

[2]) Dissert. de veterum celtarum *celia* et zytho ad illustr. Flori locum. Vitemb. 1695. Dieser Flor locus ist die im Text citirte Stelle Florus 2, 18.

[3]) Celia a calefaciendo appellata: est enim potio ex succo tritici per artem confecta: suscitatur enim igne illa vis germinis madefactae frugis ac deinde siccatur et postea in farinam redacta molli succo admiscetur, quo fermentato sapor austeritatis et calor ebrietatis adjicitur, qui fit in iis partibus Hispaniae, cujus ferax vini locus non est. (Celia ist nach calefacere = erwärmen benannt: es ist nämlich ein aus Weizensaft künstlich bereitetes Getränk. Es wird nämlich durch Wärme jene bekannte Keimkraft des benetzten Getreides erregt; dieses getrocknet und gemahlen. Hierauf wird es einem milden Saft beigemischt, wobei durch Gährung der bittere Geschmack und die erhitzende Berauschung sich zugesellen. Es geschieht dieses in jenen Theilen Spaniens, in denen ob des rauhen Klimas kein Wein geräth.)

[4]) Plin. hist. nat. 22, 82; auch 22, 25 oben. Diod. hist. Sic. 4, 2, 26. Strabo 17, 2, 5.

reitung. So erwähnt beispielshalber Plinius[1]) ausdrücklich das Weichen des Getreides: Est et Occidentis populis sua ebrietas, *fruge madida pluribus modis* per Gallias, Hispaniasque nominibus aliis, sed ratione eadem. (Auch die abendländischen Völker betrinken sich, indem Getreide auf verschiedene Weise geweicht .wird. Die Benennungen für dieses sind in Gallien und Spanien verschieden, aber der Grund ist der nämliche.) Ihr Malz nannten die Gallier b r a c e, davon die moderne Philologie das französische brasser (brauen) ableitet[2]). Doch will G e o r g e s braces durch „weisse Getreideart" erklären, woraus erst das Malz bereitet worden sei und wobei er an H a r d u i n's „Le blé blanc de Dauphiné" denkt.· In der Kaiserzeit verlor das Cäsar'sche „nihil pati vini" allmählich seine Allgemeingiltigkeit, und neben dem schon weiter oben[3]) genannten gallischen c o r m a (Bier) ward besonders in feineren Kreisen der Massiliot'sche Wein nichts Unbekanntes und Ungelittenes. Freilich erhielten diese Verhältnisse schon 92 n. Chr. durch Domitian's Erlass zur A u s r o t t u n g a l l e r W e i n - s t ö c k e in Gallien einen furchtbaren Stoss, der um so nachhaltiger wirken musste, als erst 282 n. Chr. durch Probus dieser Erlass aufgehoben wurde. Dieser Umstand mag nicht wenig dazu beigetragen haben, dass sich bei den Kelten das Bier als eigentliches Volksgetränke unerschütterlich erhielt[4]) und sich durch dieselben in Nordfrankreich, Belgien, England von der Römerzeit ins Mittelalter hinüber vererbte. Wichtig für die Biergeschichte ist sodann, dass in Gallien die ersten Anknüpfungspunkte für eine der landläufigsten Bierbezeichnungen, die vielgeplagte c e r v i s i a, auftauchen. Die Schreibweise anlangend ist cervisia als die richtigere zu erklären, da sie sich früher und häufiger findet, während cerevisia besonders in mittelalterlichen Handschriften kultivirt ist. Das Wort ist uns bereits einmal begegnet in einer Stelle bei P l i n i u s[5]) (cervisia et plura genera in Gallia, „cervisia und mehrere Arten in Gallien"), die uns zugleich als Anknüpfungspunkt und Beweis dient in der Streitfrage über die römische Legitimität des Wortes.

Die zymologischen Auktoritäten haben sich wiederholt schon die Stirne gerieben ob des unschuldigen Wörtleins und manch inhaltschwere und tiefsinnige Erklärung ans Licht gefördert. Der Eine demonstrirt und beweist uns, dass es nur von cerea (cervesia, cervisia) herkommen könne — es ist derselbe, der auch corma vom spanischen cerea herleiten will; nach welchem Sprachgesetz habe ich leider nicht herausfinden können und scheint auch den Analytiker wenig genirt zu haben, da er die Klippe mit der Phrase umspringt: „machten sich's mundgerecht"!! — der Andere verfolgt die cervisische Genealogie bis cerebibia (ceres bibere) u. s. w. Die landläufigste ist die ceres-vis-Erklärung, der sich z. B. auch P a s t e u r anschliesst; nebenbei bemerkt eine sehr alte Geschichte und nichts weniger als ein Verdienst der Gegenwart; denn das hatte schon der wackere Abraham a S a n t a C l a r a heraus, wenn er schrieb: „cerevisia heisset auf lateinisch ein Bier und will so viel sagen als cereris vis, eine Kraft des Weitzens oder der Gersten", eine Erklärung, die ihm etwa 20 Jahre später (1735) C. N e u m a n n in seinen „Lectiones publicae von den vier Subjectis Diaeteticis, nämlich von den viererlei Getränken Thee, Kaffee, Bier und Wein" wörtlich nachschrieb. Und auch dieser schöpfte nicht aus erster Quelle, da wir schon bei I s i d o r Orig. 20, 3 lesen können: „*Cervisia a Cerere id est fruge vocata* (Cervisia hat seinen Namen von Ceres d. h. vom Getreide), est enim potio ex seminibus frumenti vario modo confecta etc."

Alle diese Erklärungen konnten nicht zum Ziele führen, da man stets die falsch gebahnten,

---

[1]) hist. nat. 10. (frux madida möchte hier besser mit „zerweicht" übersetzt werden.)
    Vergl. auch T h e o p h r. de caus. plant. 6, 20.
[2]) Vergl. P l i n. hist. nat. 18, 7 (11), 62.
[3]) S. 18 Anm. 2 dort auch die bez. Stelle bei A t h e n.; sein Zusammenhang mit dem griechischen κόρμα ist S. 16 ausgedrückt.
[4]) Vergl. P o s i d o n i u s Fragmente.
[5]) hist. nat. 22, 25.

ausgetretenen Wege der Tradition wandelte, während der richtige doch so nahe lag. Wesshalb bei Worterklärungen die verschobene Tradition herbeiziehen, anstatt bei der Wissenschaft anzufragen, welche sich solche zur Lebensaufgabe gemacht? Ich meine die Philologie. Georges, der allbekannte Lexikograph, erklärt das Wort für gallisch. Punktum! Von cerebibia, cereris vis und wie die geistreichen Ersonnenheiten alle heissen mögen, sagt er keine Silbe; wozu also die Künsteleien, die weder Basis noch Form haben und wohl eher in eine akademische Blechpauke als in wissenschaftliche Arbeiten passen?!

Für die benachbarten Germanen lässt sich eine Stelle bei Cäsar (de belle gall. 4, 2) die Sueven betreffend verwerthen: Vinum ad se omnino importari non sinunt (Weinimport wird bei ihnen überhaupt nicht zugelassen), welche dafür spricht, dass damals der Wein in Oberdeutschland noch nicht kultivirt wurde. Wir wissen, dass Kaiser Probus es war, der die Rebe nach Germanien brachte und vielerorts damit das Bier zu verdrängen wusste; aus jener Zeit datiren die Kulturanlagen am Rhein. In späterer und spätester Zeit freilich reducirte sich das Verhältniss wiederum, und mancher Strich treibt jetzt Getreide und Hopfen, wo ehedem der Weinstock wurzelte. Im Kleinen können wir dies z. B. im oberen Rhemsthal, im Grossen in dem einst so weinreichen Bayern beobachten.

Zu Tacitus' Zeiten waren die Verhältnisse bereits ins Schwanken gerathen: proximi ripae et vinum mercantur[1]) (die nächsten Anwohner des Rheins kaufen auch Wein); das berühmte Kapitel 22 der Germania ist schon zu oft im Originaltext angeführt und kommentirt worden, dass es genügen mag, dieselbe in der Uebersetzung[2]) beizufügen: „Vom Schlaf weg, der gewöhnlich tief in den Tag hinein dauert, wird gebadet; meist warm, wie natürlich in einem so vorherrschend winterlichen Klima. Auf das Bad folgt ein Imbiss; jeder hat seinen besonderen Sitz und seinen eigenen Tisch. Sodann geht es an die Geschäfte oder auch, eben so häufig, zum Gelage, stets mit den Waffen. Tage und Nächte durchzuzechen hat durchaus nichts Anstössiges. Natürliche Folgen solcher Trunksucht sind häufige Händel, und selten bleibt es bei Worten, meistens endet es mit Todtschlag und Wunden. Aber auch Versöhnung von Feindschaften, Anknüpfung verwandtschaftlicher Bande, Wahl der Häuptlinge, sogar Krieg und Friede werden gewöhnlich beim Trunke berathen, als sei, möchte man meinen, nur zu solcher Stunde die Seele fähig, sich einem einfachen Gedanken zu erschliessen, für einen grossen sich zu erwärmen. Da ist noch ein Volk ohne Arglist und Verschlagenheit, das in ungezwungenem Scherze die Geheimnisse seiner Brust erschliesst. So liegt denn eines jeden Meinung heute nackt und offen, morgen wird sie noch einmal durchgeprüft, und beides, das Gestern und das Heute, kommt zu seinem Rechte: sie berathen, wo sie nicht zu heucheln vermögen, sie beschliessen, wo sie nicht irren können. — Ihr Getränke bereiten sie aus Gerste oder Weizen (potui humor ex hordeo aut frumento), ein Gebräu, das einigermassen Aehnlichkeit mit geringem Weine hat. Die Speisen sind einfach: wildes Obst, frisches Wildbret oder saure Milch; ohne Aufwand, ohne Leckerbissen begnügen sie sich den Hunger zu stillen. Dem Durste gegenüber bleibt ihre Mässigkeit nicht die gleiche; wer hier den Germanen an seiner Schwäche fasst, ihm zu trinken schafft so viel sein Herz begehrt, der wird ihn künftig eben so leicht durch seine eigenen Laster als durch Waffengewalt überwinden." Vollkommen mit all dem stimmt die Rolle, welche dem Biere im nordischen Mythus und Kultus zuerkannt wird: das Himmelsgewölbe ist der Götter Braukessel; in Walhalla wird an Odin's Tafel Bier getrunken; Wodan wird in grossen Kesseln geopfert u. s. w.[3]) Ein anderer, weit wichtigerer Passus aber ist der über den Ursprung des Bieres bei den Germanen.

Hehn ist der Ansicht, die Germanen hätten den Biergenuss von den Kelten überkommen; von anderen Darstellern ist angenommen worden, die Kelten hätten ihn von den Spaniern und

---

[1]) Germ. 23.

[2]) von Bacmeister.

[3]) Grimm, deutsche Mythologie; Simrock, deutsche Mythologie; Weinhold, altnordisches Leben.

diese von den Griechen erhalten, was in der That einen hübschen Zusammenhang ergäbe, wenn jedes Glied dieser Kette unanfechtbar wäre. Weiter meint Hehn, ehe die Germanen sesshaft waren, ehe sie also Ackerbau trieben, hätten sie Meth (aus Wasser und wildem Honig), wie die Preussen zu König Alfred's Zeit, und gegohrene Pferdemilch, wie noch heute die asiatischen Steppenbewohner thun, getrunken. Auch diese Ansicht wäre recht acceptabel, wenn sie etwas mehr Halt als blosse Analogie und Annahme hätte; so jedoch schiene mir die Behauptung, die Germanen, deren Ackerbau gewiss ein sehr alter gewesen sein muss und deren Mythen schon das Bier kennen, hätten sich ihr Gebräu selbst erfunden, noch möglicher, wäre sie nicht durch den Nachweis des hohen Alters ägyptischer Biere und deren Zusammenhang mit dem Kulturleben des übrigen Alterthums unstichhaltig geworden — quod est demonstrandum.

Zur Vervollständigung des Materials mögen die noch nicht erwähnten Völkerschaften der alten Welt, soweit hieher bezügliche Nachrichten vorhanden sind, vorausgeschickt werden. Die nächstliegenden Panonier und Illyrier nannten ihr Bier sabaia; dasselbe ward hier bereits nur in niederen Kreisen (griechischer Einfluss!) getrunken [1]. In Päonien nannten sie's $\pi\alpha\varrho\acute{v}\beta\iota\alpha$ [2]), in Thracien und Phrygien: bryton. Die älteste Quelle für Letzteres findet sich in den Fragmenten des Archilogos (700 v. Chr.); nach Hekatäus wurde dasselbe aus Gerste und einer Gewürzpflanze, konyze, erzeugt [3]). Die Xenophon'sche Erzählung (Anabasis) über das Bier der Armenier, welches sie durch Rohrhalme aus Krügen sogen, in welchen noch die Gerstenkörner auf der Oberfläche umherschwammen, ist zu bekannt, als dass es einer wörtlichen Anführung bedürfte. Ueber die Bier trinkenden Scythen endlich berichten Pytheas und Vergil sehr anschaulich. Letzterer schreibt (Georg. 3, 380):

„Aber der Scythe verlebt tief unter der Erd' in gegrabenen
Höhlen geruhig die Zeit: und geschichtete Klötze, mit ganzen
Ulmen zum Herde gewälzt, wirft er in die Flamme: verbringt dort
Spielend die Nacht: zum Gelag nachbildet er Rebengetränke
Lustig aus gährendem Saft und säuerlich schmeckendem Spierling [4]).

Um nun hier mehrere Fäden wieder aufzugreifen, welche weiter oben der Uebersicht halber liegen gelassen wurden, so ist vor Allem ein Blick auf die Theorie zu werfen, welche die Verbreitung des Bieres den Griechen als Verdienst anrechnen will. Dass die beiden griechischen Namen $\zeta\tilde{v}\vartheta o\varsigma$ und $\varkappa\acute{o}\varrho\mu\alpha$ aus Aegypten stammen, ist unbestreitbar; dass aber Hellas der erste europäische Strich ist, wo Bier getrunken wurde, ist weder erwiesen noch glaublich, da hiegegen die Fragmente des alten (älter als alle Quellen über $\zeta\tilde{v}\vartheta o\varsigma$ und $\varkappa\acute{o}\varrho\mu\alpha$) Archilogos über das bryton der Thracier sprechen, welchen Namen die Griechen in der Folge adoptirten, wie bereits dargethan. Dass aber die Thracier ihr bryton aus Asien (Phrygien) holten, dafür spricht der Name — dies schon weist einen andern Weg als den vom Delta übers Mittelmeer. Corma finden wir in Gallien wieder, und es soll nicht bestritten werden, dass diese Bezeichnung durch griechische Vermittlung (etwa durch Schiffsleute über Massilia) seinen Weg dorthin fand; damit ist aber noch nicht erwiesen, dass das Bier durch Hellenen in Gallien importirt wurde. „Jetzt hab' ich ihn" wird vielleicht ein nasenrümpfender Dissident ausrufen und nach dem Rothstift greifen. „Erstlich nennt er bryton ein nach

---

[1]) Ammian. Marcell. 26, 8: Est autem sabaia ex hordeo vel frumento in liquorum conversus pauperrimus in Illyrico potus: *unde injuriosum Sabaiarii nomen*, quo in obsidione Chalcedonis appellatus fuit Valens imperator.

Hieron. in Jesaj. 6, 19: *Zúthor* quod genus est potionis ex frugibus aquaque confectum et vulgo in Dalmatiae, Panoniaeque provinciis gentili barbaroque sermone appellatur Sabaium.

[2]) Athen. 4, 152.

[3]) Vergl. auch Athen. Deipn. 10, 447: $\acute{o}\sigma\pi\varepsilon\varrho$ $\alpha\check{v}\lambda\omega$ $\beta\varrho\acute{\iota}\tau o\nu$ $\tilde{\eta}$ $\Theta\varrho\tilde{\alpha}\xi$ $\grave{\alpha}\nu\grave{\eta}\varrho$ $\tilde{\eta}$ $\Phi\varrho\grave{v}\xi$ $\check{\varepsilon}\beta\varrho v\xi\varepsilon$.

[4])   . . . . . et pocula laeti
fermento atque acidis imitantur vitea sorbis.
Spierling wird für eine Frucht des Sperberbaumes oder der Eberasche gehalten.

Griechenland importirtes Wort und will damit das Bier von Thracien herbeibeweisen, und jetzt bestreitet er, trotzdem er corma als exgallisch nicht leugnen kann, die Einführung des Bieres in Gallien durch Griechen!" Mit Recht! Denn wenn auch Griechenland und Gallien je dasselbe s c h e i n b a r gleiche Verhältniss repräsentiren. so ist diese Gleichheit doch nur eine äusserliche: Griechenland acceptirte das thracische bryton, zu dem in der Folge das ägyptische $\zeta\tilde{v}\vartheta o\varsigma$ und $\varkappa\acute{o}\varrho\mu\alpha$ hinzutrat, ohne je ein eigenes, inländisches Bier besessen, noch producirt zu haben; Gallien aber nahm die Bezeichnung c o r m a an, ohne dadurch eine Aenderung oder Beschränkung in Genuss und Bereitung seiner e i n h e i m i s c h e n (vom Ausland völlig unabhängigen) c e r v i s i a zuzulassen. Noch zweifelhafter erscheint griechischer Einfluss bei Spanien, da sich hier n i c h t   e i n m a l   s p r a c h l i c h e Anhaltspunkte finden. Und gesetzt, die Griechen hätten sich in der That mit Bierexport befasst, so ist doch sicher anzunehmen, dass sie sich beim Bekanntwerden mit den Römern beeilt hätten, auch bei diesen Abnehmer zu gewinnen, was entschieden zu negiren ist, da nicht einmal die Philologie etwas beizubringen vermag: das einzige landläufige Wort bei ihnen, die cervisia, ist gallisch; sonach kam das Getränke v o n N o r d e n   n a c h   I t a l i e n. Auch der Römer kannte kein inländisches Wort für den fremden, ihm gleichgültigen Trank. Das noch genannte cannum beruht auf zu jungen Berichten, um es zu einem Beweis für oder wider benützen zu können.

Hiemit wäre die Basis resp. Nichtbasis der griechischen Verbreitungstheorie beleuchtet; ehe jedoch zur Gestaltung eines Ersatzes geschritten wird, ist noch ein Blick auf die k e l t i s c h - g e r m a n i s c h e   T h e o r i e zu werfen. Diese sucht, mehr oder weniger die griechische als erwiesen voraussetzend, nachzuweisen, dass das Bier der Germanen v o n   G a l l i e n herübergekommen sei, welch letzteres wiederum das Getränke von den spanischen Kelten erhalten hätte; den Spaniern aber sei es von den Griechen gebracht worden. Durchsuchen wir nur flüchtig die uns erhaltenen Notizen über Germanien, so finden wir schon in den m y t h o - l o g i s c h e n   Reliquien den beständigen Hinweis — nicht nach Westen, sondern — n a c h N o r d e n. Tacitus vollends weiss nichts von einem keltischen Namen des Bieres, das deutsche Wort, v o m   a l t s ä c h s i s c h e n   b e r e stammend, kam nicht über den Rhein, sondern ü b e r H o l s t e i n, w o   d i e   S a c h s e n   d a m a l s   s a s s e n, und Cäsar, der scharfe Beobachter, betont ausdrücklich, „W e i n i m p o r t   o m n i n o (in jeder Beziehung) dulten sie nicht". Wären wir scholastisch angelegt, wir könnten Manches aus dem dreisilbigen Wörtlein herausklügeln, besonders mit Hereinziehung des im Alterthum s e h r   w e i t e n   B e g r i f f e s   „W e i n" (wir erinnern an $o\tilde{\imath}\nu\omega\ \dot{\epsilon}\varkappa\ \varkappa\varrho\iota\vartheta\acute{\epsilon}\omega\nu\ \pi\epsilon\pi o\iota\eta\mu\acute{\epsilon}\nu\omega$ bei Diodor; an $o\tilde{\imath}\nu o\varsigma\ \varkappa\varrho\iota\vartheta\iota\nu o\varsigma$ = vinum hordeaceum bei Xenophon; an $o\tilde{\imath}\nu o\nu\varsigma\ \dot{\epsilon}\varkappa\ \varkappa\varrho\iota\vartheta\tilde{\omega}\nu$ bei Theophrast etc.), mit Erinnerung an die bekannten Feindseligkeiten zwischen Germanien und Gallien, die so weit ging, dass längs des Rheines ein 2 Stunden breiter Strich als Wüste gelassen wurde, um jede Annäherung zu verhindern etc. — Gewiss ist, dass von einer Einführung nach Cäsar's Wortlaut nicht gesprochen werden kann. Die völlige Zusammenhangslosigkeit zwischen Gallien und Spanien, zwischen Spaniern und Griechen endlich ist bereits erörtert.

Von dieser Verbal-Diskussion auf die Vergleichung der Praxis übergehend bemerken wir vor Allem, dass die E r z e u g u n g s a r t e n der Germanen, der Gallier wie Spanier eine a u f - f a l l e n d e   G l e i c h h e i t unter einander aufweisen, zu denen die Bierbereitung der Scythen und Armenier in entschiedener Korrespondenz stehen. Es kann daher der Gedanke nicht ferne liegen, diese principielle Gleichheit der Getränke als eine Verbindungslinie der fünf Völkergruppen unter einander zu benützen: damit erhielten wir eine Kurve, die von Spanien ausgehend über Gallien, Germanien nordöstlich, zu den Scythen sich wendend östlich, von hier in entschieden südlicher (südwestlicher) Richtung über Armenien gen Aegypten wiese, was um so eher annehmbar erschiene, als wir auf diesem Wege ins Land der ersten Bierkunde zurückkämen. Im Princip parallel mit dieser grossen Kurve läuft eine kleine, welche das bryton von Hellas über Thracien nach Phrygien beschreibt, wiederum aufs Nilland hindeutend. Nun wäre es aber eine grosse Ueberstürzung, sofort das Dogma proklamiren zu wollen: „Also haben die

Aegypter das Bier den Armeniern, diese den Scythen, diese den Germanen, diese den Galliern und diese den Spaniern gebracht"; denn abgesehen davon, dass die Biernamen dieser fünf Völker, soweit solche bekannt, keinen Zusammenhang unter einander nachweisen lassen, also von einer Uebertragung unter sich nicht gesprochen werden kann; dass der gegenseitige Verkehr zum Theil sehr beschränkt war, protestirt dagegen die Geschichte, da diese Stämme so, wie wir sie zur Zeit der griechisch-römischen Historiographen — also zur Zeit, wo allerorts der Biergenuss schon in Blüte war — vor uns auf der Karte sehen, nicht immer neben einander standen. Es gab eine Zeit, in welcher Kelten in Spanien sassen und Deutschland noch keinen Bier trinkenden Germanen gesehen hatte. Wie wäre da an ein Weiterbieten durch die Hände der bezeichneten Völker zu denken? Und dennoch muss es einen Schlüssel geben zu diesem Scheinwiderspruch zwischen sachlicher

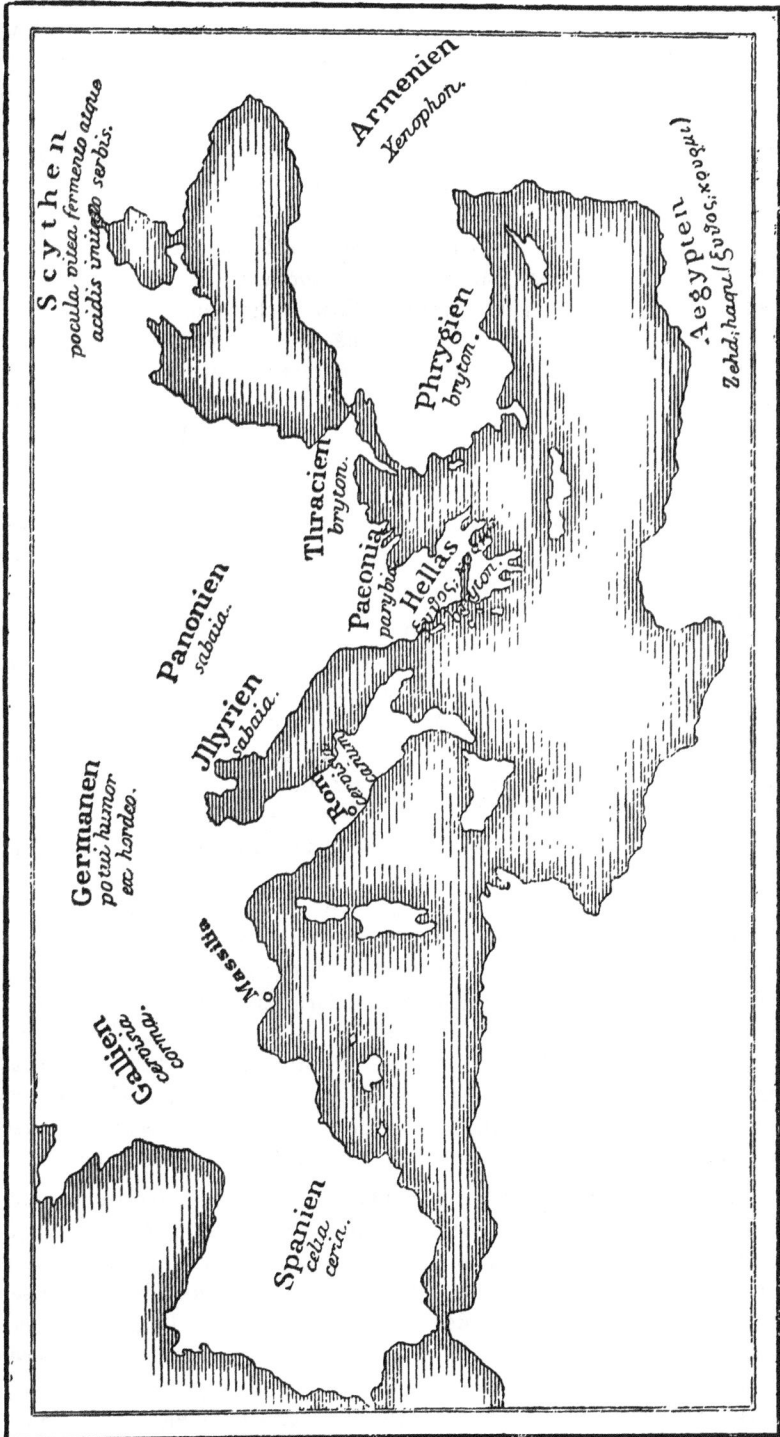

Identität und sprachlicher Divergenz. Wir finden ihn in der Völkergeschichte.

Spanien und Gallien waren sehr frühe von Kelten überflutet worden, die aus Asien hergekommen waren; durch armenische und scythische Hände war die Bekanntschaft des ägyptischen Getränkes ins innere Asien gekommen: die dort tobenden Völkermassen schoben sich allmählich gen Westen; an Weinbau war bei dem beständigen Vorwärtsdringen nicht zu denken; man hielt sich an das fremde, noch im Kern Asiens bekannt gewordene Getränke und nannte es ceria (nach dem Gesetz des Rhotacismus dasselbe wie celia[1]). So wogte der Strom stossweise gen Westen; in der Folge aber kam eine neue Masse, welche die erste immer mehr westwärts drängte, bis sie an den Mündungen des Tagus und Anas[2]) seine Grenze — das Meer fand. Es sind die zwei Hauptschwärme, welche sich auf Spanien und Gallien vertheilten, und als die griechischen Kolonisten an den Küsten von Iberia und Galatia ihre Schiffe ans Ufer banden, ward schon allerorts ceria und cervisia getrunken. In Gallien vermochten sie nur den Namen corma noch zu zweifelhafter Geltung zu bringen, in Spanien war auch der mitgekommene Name schon zu tief gewurzelt. Die Germanen kamen etwas später aus Asien; sie schlugen eine mehr nördliche Richtung ein. Ueber Skandinavien (Mythologie!) und Holstein (bere!) ging's herab in die Wälder deutscher Erde, wo man sich bald heimisch fühlte und lustig die Feuer unter den Bierkesseln prasselten, welche die Wanderung mitgemacht. Von Armenien zweigt sich noch eine zweite Strömung direkt nach Westen (Phrygien) ab und trägt die Kenntniss des Bieres über den Hellespont; frühe muss es geschehen sein, dafür bürgt der alte Archilogos. Und so sehen wir denn das passive Hellas zwischen zwei Strömungen eingezwängt, deren eine aus Norden (bryton), deren andere aus Süden ($\zeta\tilde{v}\vartheta o\varsigma$, $\varkappa\acute{o}\varrho\mu\alpha$) sich geltend zu machen sucht, ohne jedoch in dem Wein liebenden Lande mehr als die niederen Schichten und fremden Barbaren für sich zu gewinnen.

Diese Behauptung, dass das Getränke durch Aegypter (über Armenien) nach Asien gelangt, besitzt jedoch nicht bloss die negativen Beweise, welche sich durch die Unmöglichkeit der griechischen und keltisch-germanischen Theorien ergeben, oder etwa nur Nominal-Anhaltspunkte, auf welche jene zwei Theorien ausschliesslich aufgebaut wurden, sondern neben der sachlichen Befürwortung (Erzeugung) hat dieselbe in den wiederholten, ausgedehnten Zügen ägyptischer Herrscher nach dieser Linie der Windrose fixe historische Stützpunkte aufzuweisen, wofür uns die Felsreliefs bei Bayrut, bei Nymphio, bei Boghaz-Keui, der Geschichtsschreiber Herodot 2, 102, 106 und die Hist. Aeg. über Ramses II. (100 Jahre vor dem israelitischen Exodus, also lange vor jeder griechischen Geschichte) bürgen. Damit ist auch die erst kürzlich wieder aufgeworfene Frage, durch welche Tradition den Osseten im Kaukasus die Kunst des Bierbrauens überliefert worden, gelöst, und es muss eine Anschauung welche bis jetzt scheinbar nicht lösliche Widersprüche zu erklären und mit der allgemeinen Welt- und Kulturgeschichte in Einklang zu bringen vermag, um so eher annehmbar erscheinen, als selbst die hartnäckigsten Vertheidiger der griechischen Theorie es sich nicht verbergen konnten, dass die Völker, denen sie die Ausbreitung des Gerstentrankes zuschrieben (die Griechen und von und mit diesen die Römer) sich doch sehr reservirt verhielten im — Selbstgeniessen! Oder sollten die Herren vielleicht an eine — analog unserer modernen Brandy-Politik — antike Bier-Politik denken?! Doch genug der Dialektik.

In dem Bisherigen fanden nur die Bereitung und der Genuss des Bieres ihre Berücksichtigung, und es ist daher, bevor das Alterthum verlassen wird, nothwendig, auf die wissenschaftlich-theoretischen Bemühungen jener Zeiten, soweit von solchen die Rede sein kann, einen Blick zu werfen. Die Theorie zieht ihre Thesen einerseits aus den Thatsachen der Praxis, anderseits aus den hievon unabhängigen Lehren der Naturwissenschaften, und wenn man sich für jeden dieser zwei Momente individuelle Verkörperungen denkt, so haben wir auf der einen Seite den denkenden Praktiker, auf der andern den reinen Theoretiker, welche dieselbe Sache durch andersfarbige Gläser betrachten: die Couleurreflexe sind verschieden,

---

[1]) Ist wohl nicht die ursprüngliche Form und scheint latinisirt.
[2]) in Spanien.

die Umrisse dieselben, d. h. ist Praxis und Theorie je für sich richtig, so müssen sie im Princip mit einander in Einklang stehen. Dass diese beiden Beobachtungsweisen jedoch nicht schon von Anfang neben einander herliefen, ist selbstverständlich.

Will man sich den Stand der damaligen theoretischen Anschauungen erklären, so hat man sich in erster Linie an die Wissenschaft zu halten, als deren Zweig die Zymotechnik principiell anzusehen ist — an die Chemie. Nun aber lehrt die Geschichte der Wissenschaften, dass von chemisch-theoretischen Andeutungen oder gar Erörterungen im Alterthum lange wenig zu finden ist, in Zeiten, in welchen andere Disciplinen wie spekulative Philosophie, Staatskunst etc. schon in hoher Blüte standen; dies berechtigt aber noch nicht zu der Schlussfolgerung, dass das Gebiet total brach gelegen sei, im Gegentheil erweist sich schon bei nur oberflächlicher Sichtung des antiken Materials die Thatsache, dass einzelne chemische Kenntnisse schon in grauester Vorzeit gang und gäbe gewesen sein müssen, wenn auch unter anderer Firma als jener der Chemie. War man ja selbst, nachdem bereits mehr als ein Jahrtausend der Name Chemie für eine Wissenschaft angewandt worden, noch nicht im Klaren, was denn der wirkliche Endzweck der Chemie sei, woher es kam, dass man bis ins 16. Jahrhundert hinein die Alchemie für jenen substituirte, bis die Medicin dieselbe (bis Mitte des 17. Jahrhunderts) verdrängte, welche in beständiger Mischung und Verwechselung mit der Chemie diese Konfusion legitimirte.

Die ältesten Völker benützten und genossen, was die Natur bot, der sie vielfach näher standen als unsere forschende und grübelnde Zeit, und kamen so unbeabsichtigt zu Erfahrungen, durch welche ihnen neue Schätze wiederum eröffnet wurden, ohne dass dabei der ganze innere Zusammenhang der Erscheinungen von ihnen erfasst wurde. Gewisse chemische Thatsachen müssen schon sehr frühe verstanden worden sein, wie hätte man sonst z. B. die Gährung zur Getränkebereitung benützen können? Im Gebiet der pharmaceutischen Chemie war man ebenfalls bewandert, dafür haben wir einen Papyrus Ebers, den Ruf der Aerzte Chiron, Asklepius, Hippokrates etc. als Beweismaterial. Für die Kenntniss der Metalle und Erze bürgen uns Homer und die Bauten der Phönicier. Dagegen ist zuzugeben, dass die meisten Entdeckungen wohl auf Zufall beruhten, und wenn auch Demokrit aus Abdera (5. Jahrhundert v. Chr.) ein Werk Χειρόχμητα schrieb, so verstand er darunter doch nur praktische Handgriffe und nicht wirkliche Experimente. Andere naturwissenschaftliche Werke des Alterthums befassen sich fast ausschliesslich mit Naturbeschreibung oder verlaufen in spekulative Erörterungen. Dies alles führt zu dem Resumé, dass von wissenschaftlich-bewusstem Bearbeiten des chemischen Feldes in dieser Zeit nicht gesprochen werden kann, um so mehr als erst im 4. Jahrhundert nach Christus der wissenschaftliche Begriff „Chemie" auftaucht. Im Gebiete der Zymotechnik ist diese These noch bedeutend weiter auszudehnen, da dieser Zustand auch während des ganzen Mittelalters konstant bleibt und der reine Praktiker so ziemlich ohne jede Störung das Gebiet ausschliesslich beherrscht. Mit dem Anbrechen der neuen Zeit und nicht ohne Zusammenhang mit der damaligen Blütenepoche ändert sich das Verhältniss und wir werden neben dem Brauknecht den gelehrten Doktor mit seinen physiologischen Abhandlungen einherschleichen sehen, ohne jedoch durch sein gelehrtes Geschwätz jenen in der gewohnten Praxis zu stören, da überhaupt seine Zuhörer nicht aus Braumeistern und Kellerburschen, sondern aus akademisch geschulten, lateinisch redenden Gelehrten, Schulmeistern u. dergl. bestehen. Erst der Morgen des gegenwärtigen Jahrhunderts war es, welcher die Wiegen der Männer beleuchtete, denen es gelingen sollte, den Bund zwischen Wissenschaft und Praxis anzubahnen, um in freiem, bewusstem Streben sich vor der Welt als Zymotechnik zu legitimiren. Mittag ist bereits vorüber, und uns ist es gegönnt, Zeugen dieses Bundes und in der Tendenz der Stifter weiterarbeitend Glieder desselben zu sein. Dies als Rechtfertigung für die Eintheilung der geschichtlichen Abschnitte — und nun zurück ins Alterthum.

Aegypten bietet wenig mehr als reine Beschreibung des Brauverfahrens, wie der oben citirte Papyrus Anastasi IV und das zwar griechisch geschriebene aber in Aegypten verfasste

Buch „Περὶ ζύϑων ποιήσεως" („Ueber Bierbereitung")[1] des Zosimos aus Panopolis beweist.

Die Israeliten scheinen nicht viel mehr als praktische Wahrnehmungen sich angeeignet zu haben; wenigstens ist nichts erhalten.

Die Verhältnisse bei den Griechen nach dieser Seite sind schon angedeutet worden. Sie, die sich von jeder Ausübung und jedem Betriebe eines Gewerbes persönlich fernhielten, konnten unmöglich zur Beobachtung von Thatsachen gelangen, die unwidersprechlich vorausgesetzt werden, um wissenschaftliche Untersuchungen anzuregen: daher das fast gänzliche Fehlen jeder chemischen, noch mehr jeder zymologischen Bearbeitung. Wenn sich einmal ein griechischer Gelehrter von Beschreibung der Natur weg zu Erörterungen wagte, so ging sein Bestreben darauf hin, aus einem einzeln für wahr angenommenen Satze alle Erscheinungen a priori durch Schlüsse voraussagen und erklären zu wollen, oder er bemühte sich, letzte Bestandtheile der Erscheinungswelt (Elemente) zu konstruiren.

Die Römer trieben es nicht viel besser; Thatsachen sammeln ist ihr Hauptverdienst; doch findet sich bei Plinius Einiges über die Bierhefe, was später im Zusammenhange folgen soll.

Bei Kelten und Germanen ist noch weniger für diese Rubrik vorauszusetzen, da sie sich mit der Freude an einem guten Trunke begnügten.

Mittelalter.

Auch in der Zeit, in welcher die Chemiker sich mit der Alchemie, die im 4. Jahrhundert nach Christus in Aegypten aufgetaucht war und von hier sich allmählich über den Occident verbreitet hatte, beschäftigen, ist sehr Spärliches zu finden, und wenn z. B. der Doctor illuminatissimus sich mit Weingeist beschäftigte, ein Arnoldus Villanovanus unter Anderem „de vinis" oder gar ein Isaak Hollandus „de spiritu urinae" schrieb, so wird das wahrlich Niemand als zymologische Beschäftigung in unserem Sinne ansehen wollen. Die so oft bei den Alchemisten vorkommende fermentatio findet in der Folge ihre Erörterung. In diese Zeit übrigens fallen die Gründungen der meisten Universitäten, die für das zweite Zeitalter nicht ohne Bedeutung sind.

Nicht besser verhält es sich mit den Gelehrten, welche die Chemie mit der Medicin versetzten, da eines Thurneysser's Untersuchungen der Mineralwasser oder eines Glauber's Beschäftigung mit Essig und Branntwein kaum als indirekt hiehergehörig betrachtet werden können, wie auch die damals gang und gäbe Ansicht, welche die Krankheiten als Folgen widernatürlicher Gährungen im Menschenleibe (id est Menschenfass) erklärte. Anderes Näherliegende ist bereits der Strömung des folgenden Zeitalters zuzurechnen.

Hiemit sind wir bereits bis an die Grenze des ersten Zeitalters gekommen, und es erübrigt noch, bevor dieselbe passirt wird, auch den geschichtlichen Gang des praktischen Verfahrens bis an dieselbe fortzuführen. Ist aber während des Alterthums die geschichtliche Betrachtung von einem Volke zum andern geschritten, so wird jetzt, da das Christenthum mit seiner nivellirenden Macht allmählich alle Stämme einander näher bringt und der Orient von diesem Standpunkte betrachtet aus dem kulturgeschichtlichen Rahmen beinahe verschwindet, die Möglichkeit geboten, den geschichtlichen Faden so ziemlich unzerstückelt und einheitlich durch die folgende Zeit fortzuführen. Nebensächliche, auf die Entwicklung selbst wenig oder keinen Einfluss aufweisende Thatsachen und Nachrichten, wie z. B. von der Gesandtschaftsreise

---

[1] Letzte Ausgabe Gruner, Solisbac 1814.

Prisci (448 nach Chr.) zu Attila, auf welcher er daselbst Bier trank, von einer hl. Brigitta, die Wasser in Bier verwandelte, von Saxo-Gramaticus, der von einer Hungersnoth im Norden erzählt, die dadurch entstanden sei, dass man alles Getreide einmaischte, und derlei mehr, können um so beruhigter unbesprochen bleiben, als Aehnliches sehr fleissiger Kommentatoren nie ermangelt. Ueberhaupt wird aus dem nun von Jahrhundert zu Jahrhundert erwachsenden Stoffe nur das Wesentlichste und zu etwaigen Beweisen Verwendbare berücksichtigt werden; denn die Reproduktion von hundert und aberhundert Chroniknotizen und deren Varianten kann meist nur für Lokalinteressenten von Werth sein, für den allgemeinen Gang der Geschichte aber zum grössten Theile nur als Parallelbeweis dienen.

Den germanischen Stämmen, welche so lange hinter ihren Wäldern und Sümpfen den Blicken der welterobernden Römer unzugänglich gelebt, war es vorbehalten, mit dem Zusammenbrechen der antiken Tüchtigkeit deren Platz und Stellung einzunehmen. Wir knüpfen an Tacitus' Bericht an. Man kommentirt die erwähnte Stelle meist mit der Behauptung, dass die Bereitung ihres Getränkes in einem eigenen Dorfbrauhaus durch die einzelnen Bewohner der Reihe nach erfolgt sei, „wie das noch Ende vorigen Jahrhunderts im Saterlande geschah". Sieht man bei einer solchen Ansicht ganz davon ab, dass man es wieder einmal mit einer Analogie zu thun hat, die so sehr noch von unseren Fachschriftstellern gehätschelt wird, trotzdem dieselbe für wissenschaftliche Entwicklung so viel wie werthlos ist, so ist zu fragen, wie man dazu kommen kann, von Dorfbrauhäusern zu sprechen in Zeiten, in welchen die Germanen erwiesenermassen [1]) jedes gemeinsame Zusammenleben hassten, der einzelne Freie in seinem Blockhause auf fernliegendem Gehöfte hauste und Dörfer in unserem Sinne noch gar nicht existirten. Viel später erst durch kaiserliche Verordnung und den Zwang der Zeitverhältnisse (Ungarneinfälle etc.) ward ein Zusammenleben allmählich angebahnt. Bei solcher Sachlage erscheint die Ansicht, dass der Einzelne sein Bier auf eigenem Hofe braute, viel näher liegend. Was Grässe bei Besprechung dieser Zeit von Brauberechtigten im Stadtbrauhause erwähnt, ist als Anachronismus zu bezeichnen und gehört in viel spätere Zeit. Dass die Frauen das Geschäft besorgten, liegt bei dem bekannten Nichtsthun der Männer nahe. Man trank aus Hörnern.

Nach den Wirren der Völkerwanderung gelang es unter den germanischen Stämmen den Franken, sich an die Spitze der Geschichte zu stellen und die Kaiserkrone aus Rom zu holen. Unter Karl dem Grossen war die Bierbrauerei, welche die Franken als germanischer Stamm von jeher kannten, zu hoher Blüte gediehen nicht nur im Volke selbst, das neben Roggenmehl und Fleisch (Schweinen, Geflügel etc.) das Bier als wesentliches Nahrungselement ansah. sondern auch auf des Kaisers Krongütern und Domänen, die unter der Leitung seiner Kammerboten standen. Die bezüglichen Bestimmungen in seinem Capitulare de villis und die Erwähnung von Braumeistern sind schon zu oft angeführt worden, um einer Wiederholung zu bedürfen. Für Malz (brace) wird bereits Weizen, Hafer und Dinkel verwendet. Dass das Bier zum Theil auch noch aus ungemälztem Getreide und ohne Hopfenzusatz hergestellt wurde, soll nicht bestritten werden; hingegen ist entschieden die Ansicht anzugreifen, dass überhaupt noch kein Hopfen verwendet worden sei, eine Ansicht, die z. B. auch Pasteur theilt, welcher die Verwendung desselben erst vom 11. Jahrhundert an datirt. Andere wollen dieselbe gar bis ins 16. Jahrhundert herunterdrücken! Zur Klärung der Sachlage ist vor Allem eine Sichtung des Materials nothwendig.

Bei den Scythen trafen wir zuerst sorbum acidum (Vergil), jedoch verbietet die bis jetzt noch nicht sichere philologische Fixirung des Begriffes sorbum vor der Hand jede Kommentirung; in etwas beschränkterem Sinne gilt dasselbe von der conyze der Thracier, einer kleberigen Pflanze (Hekatäus). Bei Grässe findet sich die interessante Bemerkung, dass die alten

---

[1]) Müller, Geschichte des deutschen Volkes.

Deutschen abgekochte Eichenrinde, tamarix germanica, vitex agnus castus, myrica gale und Eschenblätter zum Würzen ihres Gebräues verwendet hätten; die Quelle jedoch war leider nicht zu finden. Der älteste sichere Bericht ist uns von Isidor von Sevilla erhalten, nach welchem schon im 7. Jahrhundert in Italien dem Biere Hopfen zugesetzt wurde. Daran schliesst sich der berühmte Schenkungsbrief Pipin's von 768 nach Chr., welcher von humlonariae (Hopfengärten) spricht. Die Kapitularien Karl's des Grossen erwähnen den Hopfen nicht. 822 wird der Stiftsmüller von Corvey durch den Abt von der Hopfenarbeit urkundlich dispensirt. Walafried Strabo († 849 nach Chr.) gedenkt nirgends eines Hopfengartens. In Freisinger Tauschurkunden aus dem 9. Jahrhundert (860 u. 890) werden Hopfengärten aufgeführt. Ebn Mesuah, der berühmte arabische Arzt des 9. Jahrhunderts, bespricht den Hopfen [1]. Die Stadt Gardelegen (Altmark) führt im Wappen eine Hopfenranke, welche sie dem Chronikberichte zufolge von Heinrich I. (919—936) erhalten. 1070 wird im Magdeburgischen erwiesenermassen Hopfen gebaut. Hildegard († 1079) endlich bespricht das Zusetzen des Hopfens (humela) zum Biere.

Mit mehr oder weniger Benützung dieser verbürgten Thatsachen suchen sich nun drei erwähnenswerthe Theorien aufzubauen: dass die oben angedeutete Behauptung, welche die erste Verwendung des Hopfens ins 16. Jahrhundert verlegt, schon durch Anführung der historischen Notizen unhaltbar geworden, bedarf kaum der Berührung. Die Ansicht Grässe's stützt sich auf den Bericht der Hildegard und geht dahin, dass zwar schon im 8. Jarhundert Hopfen gebaut worden sein müsse (Pipin), derselbe aber vor Hildegarden (also vor dem 11. Jahrhundert) nicht zugesetzt worden sei, wofür das Mangeln jeder Erwähnung bei Karl dem Grossen bürge. Hiegegen ist zu erwidern, dass bei dem lebhaften Verkehr der Karolinger mit Italien, wo bereits im 7. Jahrhundert der Hopfen zugesetzt wurde (Isidor), es schwerlich denkbar wäre, dass die Franken, die doch selbst schon vor Karl Hopfen bauten (Pipin), dessen Verwendung zum Biere, wenn sie dieselbe nicht schon vorher kannten, von den Italienern, von denen sie sich in so Manchem Raths erholten, nicht gelernt hätten. Auch beweist das Nichterwähnen bei Karl noch lange nicht, dass kein Hopfen gebraucht wurde; im Gegentheil deutet die fast gleichzeitige Pflege des Hopfens in Corvey darauf, dass man denselben als eine Nutzpflanze bereits kannte. Die Theorie Novack erkennt die erste Verwendung des Hopfens den Klöstern zu, theilweise darauf fussend, dass aus Klöstern die ältesten nachweisbaren Urkunden über den Gebrauch des Hopfens stammen. Wenn auch nicht geleugnet werden kann, dass die Ansicht eine sehr bestechende ist, indem man sich vorhält, wie um jene Zeit besonders Klöster die Hauptstützen der Kultur waren, wie Karl's Domänenverordnungen völlig über diesen Punkt schweigen etc., so möchte doch, wenn wir nicht einmal den Bericht Isidor's herbeiziehen, daran zu erinnern sein, dass aus jenen Zeiten überhaupt keine andern Quellen existiren können, als was sich in den feuerfesten Gewölben altersgrauer Klosterarchive erhalten hat; und gerade der Schenkungsbrief Pipin's bestätigt, dass auch schon in anderen Bezirken als nur in denen der Klöster Hopfen gepflegt wurde ; — ohne einen bestimmten Zweck aber lässt sich diese Kultur doch kaum denken. Strantz endlich behauptet: „Die verschiedensten Umstände deuten darauf hin, dass Hopfen zuerst in niederländischen Brauereien Anwendung gefunden hat". Es ist zu bedauern, dass der Autor vergessen hat, doch wenigstens einige dieser „verschiedensten Umstände" anzuführen, und es möge nur erwähnt sein, dass gerade die Niederlande sehr spät den Hopfen zusetzten, wie aus der Klage Bischofs Johann von Lüttich bei Karl IV. (1346—1378) hervorgeht, dass seine Einnahmen so sehr leiden, seitdem man vor einigen 30 Jahren angefangen habe, auf eine neue Weise zu brauen mit Zusatz eines gewissen Krautes, welches humulus oder hoppa heisse.

Die gemeinsame schwache Seite dieser Theorien ist, dass sie entschieden zu weit gehen und aus einem oder wenigen Chronikfragmenten ganz bestimmt Datum und Lokal der Erfindung

---

[1] Mayer, Geschichte der Botanik.

zu konstruiren suchen, indessen das Gesammte darüber vergessen wird. Die Sache ist entschieden allgemeiner zu fassen.

Die älteste Nachricht geht ins 7. Jahrhundert zurück; vorher wird des Hopfens nie gedacht, die nachchristlichen lateinischen und griechischen Schriftsteller kennen denselben nicht; aus dem Alterthum kann er sonach nicht stammen. Nun aber fällt sein Bekanntwerden gerade in die Zeit der zweiten allgemeinen Völkerbewegung, in welcher die wilden Stämme von Asien herüberkamen und Europa überschwemmten. (Nach Linné stammt der Hopfen aus Asien.) Dass diese fremden Völker Bier tranken, verbürgt uns Priscus (448 nach Chr.). Aus welchem Grunde also in neuen Elementen neu auftauchende Lebenserscheinungen bezweifeln, um so mehr als die alten Elemente dieselben nicht aufweisen können? Ist dem aber so, dann können nur drei Fälle möglich sein, entweder wurde der Hopfen als Nahrung, oder als Heilmittel, oder als Zusatz zur Bierwürze gekannt und verwendet. Dass die beiden ersten Punkte die wahrscheinlicheren sind, ist nicht anzunehmen; denn von der Verwendung der jungen Hopfentriebe als Gemüse (wie es heute noch in manchen Gegenden beliebt ist) wird nirgends etwas erwähnt, und die Besprechung des Hopfens durch den Arzt Ebn Mesuah stammt erst aus dem 9. Jahrhundert und zudem aus arabischer Quelle. Ingredienzien aber fanden wir von Alters her in Gebrauch (Aegypter, Scythen, Thracier etc.); wesshalb sollten gerade diese Stämme eine Pflanze, die zugleich mit dem Auftreten jener bekannt wird, nicht zum selben Zwecke benützt haben? Wesshalb zu einseitigen Deutungen greifen, wenn die erste Quelle (Isidor) schon so deutlich dessen Verwendung zum Biere kennt und nennt in einer Zeit, in welcher die Fluten der Völkerstürme in Italien noch ziemlich hoch gingen? Damit soll jedoch nicht gesagt sein, dass mit der Bekanntschaft auch die Pflanze zur selben Zeit aus Asien kam. Damit stimmen auch die sprachlichen Deduktionen von „der Hopfen, seine Herkunft und Benennung, zur vergleichenden Sprachforschung" (1874), wenngleich der Verfasser am Ende etwas zu weit geht.

Die Masse von Nachrichten, die nach 1079 datiren, haben untergeordneten Werth und können nur als Nachweis für die Verbreitung und Annahme des Hopfens dienen. Einiges Ausgewählte möge hier Platz finden. 1240 wird der bayerische Hopfen bereits als Ausfuhrartikel erwähnt, seine Kultur ward oben im 9. Jahrhundert schon nachgewiesen; der Schwabenspiegel bespricht ebenfalls die Ausfuhr des Hopfens; böhmischer Hopfen hatte schon im 14. Jahrhundert einen Ruf. England verhielt sich lange spröde gegen das Kraut und trank sein ungehopftes Ale noch manches Jahrhundert genau so wie die alten Angelsachsen; erst im 15. Jahrhundert wird derselbe dort erwähnt, wiederholt verboten (Heinrich IV. 1400; Heinrich VI. 1450) und gestattet, um noch im 16. Jahrhundert zu dem oft besprochenen Parlamentsedikt zu führen, welches denselben wiederum verbot. Anfang des 18. Jahrhunderts endlich ward der Hopfenzusatz daselbst allgemein. Die Verwendung des Hopfens in Schweden datirt aus dem 15. Jahrhundert [1]). Wenn noch das Histörchen von dem Bier-Quardian (Quardianus cerevisiae) der Dominikaner aus Ehingen beigefügt wird, der 1632 ob der total missrathenen Ernte mit gar vielem Gelde gen Bayern zum Einkauf geschickt wurde, so möge es dem persönlichen Lokalinteresse für das stille, übrigens nicht unbedeutende Hopfen-Donaustädtchen verziehen werden. Der 30jährige Krieg hatte Vieles vernichtet, woran fleissige Hände Jahrhunderte gearbeitet, so dass in manchen Strichen die Erholung erst aus jüngster Zeit datirt: so in Bayern, welches erst Ende vorigen Jahrhunderts sich langsam emporzuarbeiten beginnt, um erst mit den fünfziger Jahren unseres Säkulums mit Riesenschritten dem Kulminationspunkt seiner Hopfenkultur zuzuschreiten. Im Allgemeinen haben ausser den anhaltenden Friedenszeiten in der ersten Hälfte des 19. Jahrhunderts die stete Steigerung des Bierkonsums, Technik und Erfindung (Konservirung des Hopfens etc.) eine schöne Blütezeit in diesem Hilfszweig der Bierindustrie heraufgeführt, wie das statistisch später skizzirt werden soll.

---

[1]) Vergl. Beitrag zur Geschichte des Hopfenbaues in Schweden. Von C. G. Zetterlund. Zeitschrift für das gesammte Brauwesen. München 1878 S. 490.

Nach dieser Episode wieder zurück zu den Karolingern. Unter Karl's Nachfolger Ludwig dem Frommen tritt uns das Aufblühen der Domstifte und Klöster, welchen nicht das unbedeutendste Verdienst in der Geschichte des Bieres zukommt, als das Wesentlichste entgegen. Die Regierungszeit dieses Fürsten war es besonders, in welcher sich die bevorzugten Patres bemühten, die Fürstengunst durch Erlangung von Privilegien, als da sind jährliche Abgaben von Getreide, Hopfen, Bier, Arbeitsverpflichtungen in Feldern und Hopfengärten, ausschliessliches Recht auf eine bestimmte Entfernung Bier zu verkaufen etc. auszubeuten. Gegen das Letztere sträubte man sich wohl am wenigsten, da es die Laienbrüder sehr wohl verstanden, einen trefflichen Trunk zu bereiten und ihr Pater-, Konvent- und Nonenbier (cerevisia nonalis nicht etwa von Nonne, sondern von nona hora „9. Stunde“, in der es getrunken wurde) stets gesucht war. Noch heute werden Namen wie Benediktiner-, Augustiner-, Franziskanerbier von Kennern mit Ehrfurcht genannt, wenn auch vielleicht schon längst der fluchende Brauknecht dem frommen Mönche das Maischscheit aus der Hand gewunden und denselben aus den Räumen seiner stillen Thätigkeit verjagt hat. Doch ginge man sehr in die Irre, wollte man annehmen, die guten Klosterleute hätten nur aus christlicher Nächstenliebe so trefflichen Trunk bereitet; sie selbst wussten sehr wohl zu schätzen, welch Labsal für Herz und Magen eine kühle Kanne sei. Zeugnisse der Art haben sich in Menge vererbt in den Kellerverordnungen alter Klöster: so bekam in St. Gallen jeder Mönch 5 Mass Bier (im 10. Jahrhundert), und auch in Damenstiften ward das Bier nicht ungern getrunken (vergl. z. B. die Kellerordnung von Treckenhorst aus dem 10. Jahrhundert). Diese Hausordnungen waren jedoch keine willkürlichen, sondern den Bestimmungen der einzelnen Erzdiöcesen angepasst; ja sie wurden für so bedeutend gehalten, dass sie selbst auf Koncilien zu Sprache kamen[1]. Die Gastfreundschaft der Klöster war durchs ganze Mittelalter eine viel gerühmte, und kein Reisender pochte vergebens an die Klosterpforte; selbst den grössten Ritterzügen öffneten sich bereitwillig die Thore. Noch heute trifft der Wanderer durch stille Thäler nicht selten auf die verödet stehenden oder von profanen Menschen bevölkerten Mauern aufgehobener Abteien, deren kühn gewölbten Laienrefektorien ihm die Stätten dieser Gastlichkeit bezeichnen, wo an langen Tischreihen die Kriegsknechte und Kauffahrer hinter den Kannen des Klosterbräu's sassen und die gemüthlichen Laienbrüder (ministri refectorii) mit den schweren Krügen kostend und aufmunternd ab- und zugingen. Der ganze Abteikomplex von einer hohen Mauer umschlossen war so gebaut, dass die massiven Flügel des eigentlichen Klosters ohne Zusammenhang mit den Wirthschaftsgebäuden dastanden. Diese lezteren, zu welchen auch die Brauerei gehörte, waren meist in Riegelwänden, oft in grossen Dimensionen (St. Gallen z. B. besass eine Malzdörre für 100 Malter Hafer) aufgeführt, sehr einfach aber praktisch eingerichtet. Die Keller befanden sich unter dem eigentlichen Klostergebäude. Jedes Departemeut hatte seinen eigenen Vorsteher (Kellermeister, Braumeister etc.), welcher wiederum je eine bestimmte Anzahl von Laienbrüdern zur Verfügung hatte. Was die Brüder praktisch übten, betrieben die Patres theoretisch. Mit scholastischer Diftelei wussten die studirten Herrn selbst die Bierbrauerei ihrem gelehrten Krame anzupassen und in demselben Latein, in welchem sie die Evangelien Johannis erklärten, über Treber und Hopfen zu sprechen. Eine Summe von solchen termini technici haben sich erhalten, die in mündlicher Besprechung eben so geläufig waren wie in Episteln und Notizen, z. B. braceatores (Bräuer), seceratores (Moster), brasina (Schrotmühle), bracium pressum (gequetschtes Malz), cerevisiam coquere (Bier brauen), cerevisiam divendere (Bier schenken), cantharus cerevisiae (Bierkanne) u. s. w. Die Biertraditionen sind noch nicht zu Grabe getragen; in vielen Klöstern (z. B. Benediktiner zu Andechs, Franziskaner zu München) wird noch heute eben so eifrig gebraut, wie es einst vor tausend Jahren die nun vermoderten Brüder thaten, und selbst Frauenkonvente üben noch die edle Kunst, wie ich z. B. in schwäb. Gmünd bei den dortigen barmherzigen Schwestern Gelegenheit hatte zu beobachten.

---

[1]) Vergl. die Verhandlungen des Koncils in Aachen 817.

Wie bereits angedeutet, war das Verhältniss zwischen dem Kloster, seinen Hörigen und Bauern ein wechselseitiges, indem diese sowohl für das Recht Bier zu brauen ein bestimmtes Steuerquantum „Biergelte" ablieferten, als auch vom Kloster Bier kauften resp. eintauschten. Bei Domstiften fiel das Letztere meist weg, da sie in der Regel nur Bierabgaben verlangten. Diesbezügliche Verordnungen sind uralt; schon das allemannische Gesetz weiss davon (Tit. 22): „wer einem Gotteshause angehört, soll 15 Glas (sigla, sicla, situla = Seidel?) Bier als Abgabe an dasselbe liefern". Der Bischof von Bamberg (1172) erhob für den Karren Bier 3 grosse Schillinge. Doch liebten es einzelne Bischöfe, auch selbst zu brauen, wie von einem Bischof Salomon von Konstanz (915 n. Chr.) überliefert ist, dass er eine Brauerei betrieb, auf dessen Malzdarre 100 Malter Hafer zu gleicher Zeit gemälzt werden konnten.

Auf den Burgen ward in jener frühen Zeit noch vielfach unabhängig gebraut, doch wurde bei ritterlichen Zechgelagen der Wein vorgezogen, auch wussten die Fürsten bald diese Braurechte zu beschränken, was manche Zwistigkeit zur Folge hatte. Die Hörigen grosser Adelsgüter standen in ähnlichem Verhältnisse wie die der Klöster.

Nach den Karolingern trat das sächsische Kaiserhaus an die Spitze. Sein erster Herrscher, für die Kulturgeschichte von hoher Bedeutung, ist Heinrich der Städtegründer (919 — 936). Bis in seine Zeit herab hatten die Deutschen der alten Tradition getreu in zerstreuten, offenen Höfen gewohnt, nur um die Klöster, Bischofssitze (Domstifte) und königlichen Pfalzen hatten sich Schutzbedürftige und Handwerker angesammelt. Heinrich erst erbaute grosse, feste Burgen und wählte aus der Bevölkerung „Burger" aus, welche dieselben zu beziehen hatten. Andere Fürsten folgten mit der Zeit seinem Beispiele. Dieses Bürgerthum der ersten Hälfte des Mittelalters war völlig aristokratisch organisirt, und es dauerte lange, bis die Zünfte die Oberhand erhielten (1350). Im Anfange braute noch der Einzelne seinen Bedarf im eigenen Hause, doch musste dieser Zustand schon aus praktischen Gründen bald verschwinden, und an seine Stelle trat das Braurecht der Gemeinde. In Folge dessen stand es dem hohen Rathe durch kaiserliches Signat allein zu, Gewerbeprivilegien zu vergeben, ein Recht, über welches derselbe mit strengster Gewissenhaftigkeit Wache hielt. So weit nur möglich suchten die klugen Väter die Bierbrauerei als Monopol der Stadt zu erhalten, da dasselbe, mehr noch durch Ausfuhr als durch den Konsum innerhalb der Thore, bedeutende Summen in den Stadtseckel warf, und nur schwer erhielt ein Bürger oder eine Korporation[1]) vom Magistrate das Recht — und dies selbst wiederum durch manche Klausel beschränkt —, Brauerei zu betreiben. Gerade aber ob der geringen Zahl, auf welche sich die Bereitung beschränkte, war es dieser ein Leichtes, sich in kürzester Zeit zu den Reichsten der Stadt emporzuarbeiten, wodurch wir eine Erklärung für die Erscheinung erhalten, welche sich in Chronikbüchern nicht selten findet, dass diese Privilegien meist in Händen der reichsten Kaufleute der Stadt lagen. Diese brauten jedoch nicht selbst, sondern hielten sich ihre Braubursche (Schoppenknechte), über welchen ein Meisterknecht stand, und die oft auch in andere Brauereien zur Aushilfe geholt wurden. Solche Schoppenknechte bildeten eine gewisse Verbrüderung unter einander, mit Aeltesten an der Spitze (in Hamburg z. B. vier). Der Brauknecht lernte in der Regel zuerst küfern, wurde dann Lehrknecht, hierauf Brau- und endlich Meisterknecht. Die „Biereigen" liessen entweder im Stadtbrauhaus oder in der eigenen Brauerei, welche der Feuergefahr halber vor der Stadt waren[2]), später auch mitunter im fürstlichen Brauhaus arbeiten. Die Reihenfolge der einzelnen Berechtigten, die Zeitdauer des Brauens etc. war durch besondere Bestimmungen geregelt, welche eifersüchtig überwacht wurden. Zustände der Art haben sich in Städten der Oberpfalz

---

[1]) So treffen wir z. B. in Wien das Bürgerspital (seit 1432) im ausschliesslichen Rechtsbesitz, innerhalb des Burgfriedens zu brauen, was demselben in der Folge riesige Entschädigungssummen für Importbier eintrug. Nach der Türkenbelagerung begann diese Einfuhr mit der Zahlung von 3 Kreuzern, die sich 1638 auf 15 Kreuzer per Eimer steigerte. Erst 1784 zog der Staat diese Einnahmsquelle an sich.

[2]) Die Hürden der Darren bestanden vielfach aus blossen Ruthen.

(Tirschenreuth) bis heute erhalten. Dem Fürsten selbst lag viel daran, dass diese Braurechte
aufs strengste gewahrt und das Zwangsrecht der B i e r m e i l e, welches die Städte befugte, an
die innerhalb einer Meile gelegenen Ortschaften und Gutsbesitzer ausschliesslich Bier zu verkaufen, aufrecht erhalten blieb. In eine solche Biermeile, die besonders im 13. Jahrhundert
in Flor standen, durfte kein fremdes Bier importirt werden, und die Chronisten wissen viel zu
erzählen von fremdem Biere, das aufgefangen und auf offener Landstrasse ausgelassen wurde.
In den Flecken waren Schenken ohne fürstliche Erlaubniss verboten, fremdes Gebräu konnte
nicht verzapft, Bier überhaupt im ganzen Umkreis nicht gebraut werden. Schwer gelang es
einem Adeligen, vom Fürsten das Recht zu erlangen, auf seinen Gütern zu brauen, und eine
Kirche hatte manchen Ablass zu versprechen, bis ihr gestattet wurde, in ihrer Nähe selbständig
eine Kneipe zu errichten. Mit dem Rechte, Bier zu brauen, ward den Städten solches a u s -
z u s c h e n k e n noch nicht überlassen; denn dieses stand dem Lehensherrn und Fürsten ausschliesslich zu; allein allmählich zogen es die Städte doch an sich, und in Rathskellern und
Bierstuben [1]) ward friedlich verzapft und gezecht. So ganz ausgeschlossen war aber das fremde
Produkt doch nicht, „wenn's zu gemeiner Stadt Nutz und Frommen war"; durch hohe E i n -
g a n g s z ö l l e wussten sich dieselben stets schadlos zu halten. Aehnlich verhält es sich mit
dem Export, der progressiv stieg, und Namen wie Zittauer-, Rostocker-, Naumburger-, Regens-
burger-Export hatten schon im 14. Jahrhundert einen guten Klang. Bremen, Lübeck (mit
Traveöl) und später Hamburg betrieben schon im Mittelalter bedeutenden überseeischen Bierhandel.

So stand es in der ersten Hälfte des Mittelalters. Seitdem jedoch das Ueberwiegen der
Aristokratie in den Städten immer mehr schwand und die mittleren und unteren Elemente,
die Bewohner der engen, schmutzigen Gassen gegen die Stadtmauer hin sich deutlicher zu
rühren begannen, trat in gleicher Proportion eine Verschiebung der Verhältnisse auch im Brau-
gewerbe ein. Z ü n f t e hatten sich herausgebildet, die dem Kleinbetrieb kräftig unter die Arme
griffen und durch Nebengewerbe, wie das der Schäffler (Küfer, Binder, Büttner), der Bierzapfler
(Bierschenker), der Moster etc., den Brauern das Geschäft vereinfachten und erleichterten. Durch
strenge Abgeschlossenheit („Unehrliche" wurden nicht geduldet) steigerten die Zünfte ihr Ansehen; durch gemeinsame Berathungen förderten sie ihre Interessen; durch Zusammenhalten
bewahrten sie ihre Rechte gegenüber den Patriciern. Vom Kaiser selbst war den Städten das
Recht genehmigt worden, Zunftbriefe zu verleihen. Wollte einer Braumeister werden, so hatte
er den Nachweis zu liefern, dass er unbescholtenen Namens sei, ein Meisterstück zu machen
und sich den üblichen Formalitäten zu unterziehen. Dass diesem Akte jahrelange Lehrlings-
und Gesellenzeit voranging, versteht sich von selbst. Eigene B r a u o r d n u n g e n, vom Stadtrath
erlassen, bezeichneten das Verfahren, warnten vor Fälschungen (der älteste Münchener Erlass
trägt das Datum 1420, eine Pariser ward 1264 erlassen, eine Augsburger 1155). Als bevor-
zugtes Material ward Gerste benutzt, in Missjahren ward Hafer genommen (so 1433 in Augsburg, 1533 in Breslau). Die Behörde der „Bierkieser" hatte das Bier für verschenkbar zu
erklären; die von Görres besungene Münchener Lederhosenprobe ist weltbekannt. Die Bier-
preise unterlagen einer Taxe, vom Magistrate bestimmt; doch lässt sich aus den überlieferten
Nachrichten schwer ein Vergleich anstellen, da fast jeder Bierbezirk ein anderes Mass hatte.
Die Kandeln hatte der geschworene Zinngiesser zu eichen u. s. w. Des Abends kamen die
Mitglieder der Gilde in der braungetäfelten, oft auch ausgemalten Zunftstube zusammen; dort
suchte man Erholung und Unterhaltung, die freilich etwas spiessbürgerlich gewesen sein mag;
dort fand der wandernde Geselle Quartier und Unterstützung, dort wurden auch die Festlich-

---

[1]) Ein solcher Keller von Ruf war unter anderen der Erfurter; in Wien soll die erste Bierstube für
Stehgäste 1500 in der Bischofsgasse beim silbernen Schiff errichtet worden sein, was als sehr spät zu
bezeichnen wäre; das älteste Brauhaus (1384) soll in der Weidenstrasse gestanden haben. Ulm errichtete
sein Rathsbierhaus 1367.

keiten des Jahres abgehalten. Als Patron verehrte die Brauerzunft Sanct Gambrinum, der von einem Papste — so erzählt die Ueberlieferung — heilig gesprochen wurde. Trotz unserer Bemühungen sollte es aber nicht gelingen, die Processakten der Sanktifikation (Heiligsprechung) zu ermitteln, die, ganz abgesehen von dem Nachweise der Verdienste dieses Heiligen, welche doch wohl auch ins Braufach hereinspielen müssen, für die Klarlegung der Persönlichkeit dieses mythenumsponnenen Mannes von unschätzbarem Werthe wären — denn dass man in Rom Jemanden, der vielleicht gar nie existirt hat, sanktificirte, würde wohl ein Advocatus diaboli niemals zugegeben haben. Wir wären daher einer aktenbewanderten Theologie für einen derartigen Dienst äusserst dankbar, der vielleicht um so müheloser zu leisten wäre, als sich doch wohl unter den ehrwürdigen Reihen einer stoffliebenden Klerisei eine Persönlichkeit finden dürfte, die schon einmal aus bierologischen Interessen die acta sanctorum durchblättert hat. Bis dahin aber beschränken wir uns auf die Resultate der bisherigen Forschung.

Nach Aventin wäre Gambrinus, welcher 1730 vor Chr. gelebt habe, der Schüler des Biererfinders Osiris und an dessen Schwester vermählt gewesen: dies schon genügt, um die Dichtung seiner Nachricht zu ersehen, und enthebt uns weiterer Reproduktion. Nach Andern hiess er der Kempher, der Cimber, war der Sohn des deutschen Königs Marsus und gründete Cambray (Kammerich) und Hamburg (Gambrivium). Wie ein Anonymus in einer Fachschrift dazu kommen konnte, Gambrinus mit „Gambriviern, einem deutschen Stamme nach Tacitus (?!), der an der unteren Elbe wohnte", zusammenzuwerfen, ist räthselhaft. Man müsste dem Autor für die Taciteische Gambrivierstelle höchst dankbar sein, die Germania wenigstens berichtet nichts darüber. In der einen Sage ist Gambrinus König der Tuisker, in der anderen König von Flandern und Brabant. Dass dies Letztere wiederum Mythe, beweist die Thatsache, dass vor der Herrschaft der Burgunder, deren Geschichte vollkommen erhalten ist, die beiden Provinzen nie unter einer Personalregierung vereinigt waren. Flandern war unter Philipp dem Kühnen (seit 1363), Brabant unter Philipp dem Guten (seit 1419) an Burgund gekommen. Es liesse sich somit höchstens noch, wenn trotzdem an den Ländern festgehalten wird, ein unnachweisbarer Graf von Flandern oder Herzog von Brabant (vor 1363 resp. 1419 lebend) annehmen. Dies hat denn auch wirklich Coremans, der bis jetzt das Bedeutendste in dieser Frage geleistet hat, in seinen „Notes concernant la tradition de Gambrionis roy mythique de Flandre et de Brabant 1842" versucht, indem er den Namen Gambrinus (Gamprinus) durch Metathesis in Ganprimus, Janprimus = Jan primus auflöst und so auf den burgundischen Herzog Jan I., Sohn Heinrich's III. (1251—94), kommt, der im Turnier zu Bar fiel und als Minnesänger und Turniersieger hoch gefeiert war — weiter weiss auch Coremans nichts zu konstatiren; was dabei für unsern Bierkönig herauskommen soll, ist nicht recht ersichtlich. Denn wenn auch schliesslich der belgische Schriftsteller als Beweis mit den noch heute öfters zu sehenden niederländischen Brauschilden „Au duc Jean de Brabant" herausrückt, so ist das denn doch etwas lose in seine Dialektik hineingeworfen und beweist nichts als die reine Sache an sich, d. h. dass dieser und jener Wirth gerade „Au duc Jean" und nicht etwa „Wilhelm von Oranien" oder „Deutscher Kaiser" oder „Friedrichshalle" etc. auf sein Blech schrieb. Uebrigens wird es Hrn. Coremans selbst nicht so ernst mit dieser Wirthsschilddeduktion und vielleicht eher um den genialen Gedanken als um die Sache selbst zu thun gewesen sein; denn die historische Existenz einer Persönlichkeit mit Bierblech nachzuweisen, wird ihm wohl selbst bei aller Begeisterung für Jean I. als eine Blechidee lachen gemacht haben. An Coremans knüpft sodann Müldener an, wobei nicht geleugnet werden kann, dass seine Hypothese einen geistreichen Kombinationssinn verräth. Aber wo bleiben die Beweise? Er schreibt: „Jan I. verschmähte als volksthümlicher Fürst, der er war, nicht, sich als Ehrenmitglied in die Brüsseler Brauergilde aufnehmen zu lassen, und die Brauer hingen das Bild ihres ritterlichen Herzogs im Gildesaal auf. Dass man dem Herzog auf dem Bilde einen schäumenden Pokal in die Hand gab, das war natürlich. Wollten doch die Brauer im Bilde nicht nur ihren Fürsten, sondern gleichzeitig auch ihr Gewerbe ehren. Später, nachdem Jan und sein Geschlecht längst im

Grabe ruhten und die leichtlebige Brüsseler Bevölkerung ihn und seine Thaten längst vergessen, wurde Jan primus in Gambrinus korrumpirt, während der Standort seines Bildes im Hause der Brüsseler Brauergilde naturgemäss Veranlassung gab, unseren Helden mit der Bierbrauerei in Verbindung zu bringen, d. h. ihn zum Erfinder des Bierbrauens zu stempeln." Eine andere Version bringt Gambrinum mit Johann ohne Furcht von Burgund (Jean sans-peur 1404) und dem von diesem gestifteten Ordo lupuli (Hopfenorden) zusammen. Die Masse von Sagen endlich über nächtliche Geisterbankette etc., welche in Oberfranken, Holstein, Irland kursiren, können übergangen werden.

Man hat sich bei diesem Gegenstand mit Hypothesen zu voreilig überstürzt und jede Vorarbeit, die erste Bedingung eines wissenschaftlichen Aufbaus, vollständig ignorirt, was zur Folge haben muss, dass der vorurtheilslose Leser die Ansichten überfliegt und achselzuckend bei Seite legt. Vor Allem sind das Alter, der Ursprung und die ersten Quellen nachzuweisen, ehe man daran geht, die Persönlichkeit an sich ins Auge zu fassen, um erstlich festen Boden zu gewinnen. Nach dem, was bis jetzt bekannt, liefern deutsche (speciell süddeutsche) Federn das meiste Marterial: Aventin, Annales Bojorum 1554, I; Crusius, Schwäbische Chronik I; Stumpf, Schweiz. Chronik II etc. [1]).

Uebergangsstadium.

Werfen wir nach diesem Exkurs nur noch einen flüchtigen Blick über die einzelnen Länder und überlassen wir dann das erste Zeitalter sich selbst, um in die erste Blütenepoche der Bierkultur einzutreten, dessen Keim bereits die oben besprochenen gesunden Verhältnisse in sich schlossen. Ueber Englands und Flanderns Gebräu berichtet der schon genannte Walafried Strabo († 849 n. Chr.), dort hatte sich das Bier aus den ältesten Zeiten (zum Theil durch Kelten) forterhalten. In Frankreich wird das Bier mehr und mehr durch den Weinbau verdrängt, in Deutschland dagegen weiss dasselbe sich fest zu behaupten, wo auch seit dem 13. Jahrhundert Lagerbier gebraut wird (besonders berühmt war das märkische). Die älteste Urkunde über böhmische Bierbrauerei datirt von 1086. Polen und Preussen liebten schon vor dem Einzug der allgemeinen Kultur den Gerstensaft, wofür die Verehrung eines Biergottes Rauguzemapat (wird von rugti, gähren, abgeleitet, somit Gott der Gährung) spricht. In Bayern, wo unter römischen Einflüssen der Weinbau schon weit gediehen war, um später wieder zu verschwinden, wird bereits im 1. Jahrtausend des Bieres öfter gedacht (816 Vöhring etc.). Nach Grässe war es ein fades (braunes, auch rothes Bier) Getränke, welches leicht sauer wurde. Statt Gerste wurde in rauheren Gegenden Hafer verwendet und nur obergähriges Bier gebraut. Im weiteren Verlaufe des Mittelalters kam sodann (in einem Kloster, nach Prof. Holzner in Weihenstephan) die Untergährung auf; die Biererzeugung selbst schritt wacker vorwärts, bis dieselbe durch böhmische Konkurrenz in Verbindung mit dem böhmischen Hopfen einen tüchtigen Stoss erhielt und stark ins Schwanken gerieth. In den südlichen Ländern Europas verschwindet das Bier nicht plötzlich, doch weiss ihm der Wein die Schale zu halten. In Afrika und Asien trinken die Völker ihr traditionelles Gebräu nach wie vor, und speciell in Aegypten wissen die Araber dem Biere der Kopten Geschmack abzugewinnen. So lagen die Lande des Erdballes, als die Frühröthe eines neuen Zeitalters am Horizont sich zeigte.

---

[1]) Vergleiche auch Weise, Sagen Stendals II.

Zeitalter der gelehrten Erörterungen.

Die Charakteristik der Zeitalter beruht im Wesentlichen auf Gegensätzen, auf der Abweichung einer jeden von den ihn begrenzenden Epochen. Das Unterscheidungsmerkmal — die gelehrten Erörterungen — dieses Abschnittes ist bereits berührt worden. Neben diesem vom Gewerbe unabhängigen wissenschaftlichen Untersuchungen bildet sich aber auch eine beschreibende Litteratur aus, die ebenso in enger Beziehung zu der in dieses Zeitalter fallenden

Ersten Allgemeinen Blütenperiode

steht. Es ist ein Zeichen oberflächlicher Kulturkenntniss, wenn behauptet wird, die Gegenwart sei als die erste Glanzzeit der Gambrinusgabe zu betrachten; denn abgesehen von der ägyptischen und keltisch-germanischen Bierepoche, die doch mehr lokal begrenzt waren, haben wir die erste Glanzperiode, welche mit der Renaissance zusammenfällt, längst hinter uns. Nicht nur durch Deutschland, Belgien, England, selbst in die fernsten Winkel der kurz vorher entdeckten Länder ergoss sich in jener Zeit die braune Flut; nicht nur in den Dorfschenken und Rathskellern soff sich Bauer und Bürger toll und voll, nicht nur auf den Hochschulen liefen die Studenten mit Spiessen und Schwertern in die Kneipen, studirten und randalirten hinter den zinnernen Kannen, auch in den Banketsälen der Fürsten und in den Kabineten der adeligen Damen ward der Gerstensaft ein geschätztes Labsal, das nicht etwa aus Kelchgläsern heimlich genippt, sondern mit Selbstbewustsein und Wohlbehagen aus Masskrügen verschlungen wurde. Sieben Mass Bier per Tag vors gräfliche Frauenzimmer war Vorschrift. Einer solchen Völlerei setzte die Verbreitung des Branntweins und Kaffees Ende des 17. Jahrhunderts einen Grenzstein entgegen, wie überhaupt um jene Zeit die mittelalterliche Küche sich in die moderne umzugestalten begann, beeinflusst durch die neuen Genüsse und die Geschmacksänderung, welche von den Kolonien und von Frankreich eindrangen. Man zog die Gustav-Adolf-Stiefel aus, legte den plumpen, breitkrämpigen Federhut bei Seite und vertauschte sie mit Seidenstrümpfen und Allongeperücke. Die Gegenwart ist Zeuge der zweiten, vielleicht noch grösseren Glanzperiode Gambrini; denn wenn auch die individuelle Vertilgungsfähigkeit der Zeitgenossen den Renaissancegurgeln bei weitem nicht beikommen kann (einige akademische Bierschwämme und Münchener Danaïdenfässer ausgenommen), so ist doch die Verbreitung des Bieres eine grössere, allgemeinere, einheitlichere. Der Konsum in Europa allein ist seit 50 Jahren um das Zehnfache gestiegen und befindet sich noch in beständigem Wachsen. Von Bayern im ersten Viertel dieses Jahrhunderts ausgehend wälzten sich die Wogen Radien gleich über die ganze europäische Karte, weiter und weiter, bis vor kaum 20 Jahren eine neue Quelle in Oesterreichs Landen aufschoss und mit Windeseile das Wiener Bier die Kanäle durchlief, die ihm das bayerische Erzeugniss gespült hatte.

Es steht dieser erste Aufschwung in engster Korrespondenz mit der allgemeinen Kraftfülle jener Kulturepoche. Kühne Seefahrer und Entdecker hatten die Fesseln des engen Erdkreises gesprengt, schlichte Männer hatten es gewagt, mit der bisher für unantastbar geltenen Hierarchie in die Schranken zu treten, die Kunst hatte die alten Traditionen über Bord geworfen, die alten Vorbilder hervorgeholt, die Gelehrtenwelt hatte sich von dem verknöcherten Scholasticismus losgerissen und nach den antiken Klassikern gegriffen, und wie in den meisten Disciplinen, war auch in der Chemie ein vollständiger Umschlag eingetreten; denn hatte man bisher als das Endziel derselben den Stein der Weisen betrachtet, so war es jetzt die Medicin, in deren Fragen sie hereingezogen wurde. Neue Forschungen wurden angebahnt, alte Probleme herbeigezogen und von anderen Gesichtspunkten angegriffen, unter denen die Gährungs- und Hefenfrage eine bedeutende Rolle spielten. Die Fermentationstheorien, wie überhaupt alle chemischen und physiologischen Erklärungen seiner Arbeit und der von ihm hervorgerufenen Processe, waren noch vor wenigen Jahrzehnten dem Brauer eine der Beachtung unwerthe Sache. Der rein wissenschaftliche Stil ohne oft leider nur allzuwenige Berücksichtigung des praktischen Mannes, die verschiedenen einander gegenüberstehenden Ansichten und gelehrten Befehdungen waren nicht dazu angethan, dem Bierbrauer Interesse einzuflössen. Der Gelehrte erörterte und disputirte, der Gewerbemann braute und kieferte, ohne dass der Eine von dem Andern Notiz genommen. Jetzt stehen die Posten freilich anders. Der verständig reflektirende Brauer ward allmählich zur Ansicht gedrängt, dass die Einsicht in das Wesen der von ihm verarbeiteten Materialien und der damit vor sich gehenden Veränderungen nicht nur seinen Gesichtskreis erweitern, sondern auch vor Allem seinen Handlungsmotiven bedeutenden Vorschub leisten müsse, und mit gespannter Aufmerksamkeit verfolgt er nun das Fortschreiten der Wissenschaft.

Die empirischen Kenntnisse des Alterthums sind zum Theil schon angedeutet worden. Auch Plinius' oft citirtes „palam est naturam (farinae) acore fermentari" ist ebenfalls nur eine rein aus der Erfahrung geschöpfte Notiz. Noah's Weinbereitung, der Sauerteig[1]) der Juden und Aehnliches mag der Specialgeschichte überlassen bleiben. Das fermentum der Alchimisten ist ohne fixe Begriffsbestimmung; im Grossen und Ganzen geht ihre Erklärung da hinaus, dass durch das Ferment ein Veredlungs- und Läuterungsprocess hervorgerufen werde, in Folge dessen man sich bemühte, ein Universalferment zu entdecken, durch welches man in den Stand gesetzt würde, aus unedlem Metall Gold etc. zu destilliren, und so bezeichnen sie nicht selten mit fermentum geradezu den mit Schmerzen gesuchten Stein der Weisen. Diese Unbestimmtheit des Wortes bespricht[2]) schon Petrus Bonus von Ferrara 1345: „Apud philosophos fermentum dupliciter videtur dici: uno modo ipse lapis philosophorum e suis elementis compositus et completus, in comparatione ad metalla; alio modo illud, quod est perficiens lapidem et ipsum complens", und auch Raymund Lull's Definition „Fili, fermentum est corpus perfectum, subtiliatum et alteratum per potestatem convertentium" lässt bei der Allgemeinheit der Prädikate nichts Bestimmtes schliessen. Wenn wir trotzdem noch das Recept des fermentum nach Lull citiren, so geschieht es, um eine kleine Perspektive in das allgemeine Geschwätz dieser Gelehrten zu eröffnen. Er schreibt: „Fili, praeparatio istius est, quod illud sit transactum primo per naturae principalia controvertentia, antequam de isto facias fermentationem, quia tibi illud fiat principio pulvis calcinatus per liquefactionem, secundario pulvis resolutus per dissolutionem et tertio pulvis inceratus per coagulationem et quarto sublimatus per separationem". Georg Ripley's Beschäftigung mit dem Gegenstand kann übergangen werden. Interessanter ist die Ansicht des in der zweiten Hälfte des 15. Jahrhunderts schreibenden Basilius Valentinus, welcher die Gährung für eine Reinigung erklärte, in Folge deren der in der Flüssigkeit bereits vorhandene Weingeist in den Stand gesetzt wird zu wirken, denn ungegohrenes Bier sei todt, „sintemal der wirkende Spiritus durch die Unreinigkeit sein Amt zu vollbringen verhindert wird". Die Hefe bringt dem Biere eine innerliche Entzündung, „dass sichs in sich selbsten erhebt und eine Absonderung und Scheidung geschieht, des Trüben von dem Klaren, und so nach dieser Scheidung puri ab impuro sein Amt vollständig verrichten kann, welches nun alles durch die Trunkenheit beweislich gemacht wird". Valentinus schliesst die Reihe der Gelehrten, welche temporell noch der vorhergehenden Epoche angehört, ihrer Beschäftigung und des Zusammenhanges halber jedoch in das neue Zeitalter herübergenommen werden musste. Es ist ja in der Kulturgeschichte nicht wie in der Geschichte der Politik der Fall, dass mit einem Schlage, mit einer bestimmt fixirbaren Jahreszahl zwei Geschichtsepochen von einander geschieden und unterschieden werden können, sondern nur durch allmähliches Vorschieben, durch Ansätze und langsame Uebergänge bildet sich eine neue Schichte,

---

[1]) Galliae et Hispaniae frumento in potum resoluto spuma ita concreta pro fermento utuntur; qua de causa levior illis, quam ceteris panis est.

[2]) De fermento, sine quo ars Alchemiae perfeci et compleri non potest.

ein neues Zeitalter heraus. So auch hier. Im tiefen Mittelalter beginnt man, sich mit fermentum und fermentatio abzugeben, es wird viel geschrieben, viel gefaselt, viel geschwindelt;
Resultate werden so gut wie keine erzielt, aber der Anstoss ist gegeben. Die Männer der
neuen Epoche werfen sich auf das alte Material, regeln und ordnen die Untersuchungen und
trachten sich gegenseitig zu überbieten. Der Drang und die Thätigkeit war damals so universell,
dass man schon versuchte, aus jener Bewegung einen eigenen Abschnitt in der Geschichte der
Chemie zu formiren; denn nicht bloss mit Wein-, Essig-, Biergährung etc. mühte man sich ab,
man rückte die Betrachtung ins Allgemeine und versuchte den ganzen Lebensprocess und seine
Funktionen als kontinuirliche Gährung darzustellen. — Wenn wir trotzdem die neue Epoche
ganz bestimmt vom Anfang des 16. Jahrhunderts an datiren, obgleich wir mit der Zahl
1501 keine Namen, keine Thatsachen aufzählen können, im Gegentheil eine bedeutende Reihe
von Jahrzehnten zu überspringen haben, um zu L i b a v i u s , dem ersten Theoretiker des zweiten
Zeitalters, zu gelangen, so geschieht dies einerseits, um Unbestimmtheiten aus der Darstellung
möglichst ferne zu halten, anderseits aber besonders, weil um jene denkwürdige Zeit der allgemeine Bruch mit einer erstarrten Tradition, das Hervorarbeiten neuer ideeller wie socialer
Zustände in einer Weise sich vollzieht, die in direktestem Einfluss auf die Geschichte des
Bieres sich zeigen wird und so die ersten Fäden des hohen Umschwunges auf dem zymotechnischen Gebiete hier anknüpfen. Wollte man erst von L i b a v i u s an datiren, so beginge man
einen grossen Anachronismus, denn er steht bereits mitten in der vollen Glanzzeit. Es lässt
sich einmal die Geschichte des Bieres, wie das Bier selbst, nicht herausreissen aus seiner
Verschmelzung mit der menschlichen Gesellschaft und ihrer Entwicklung.

L i b a v i u s (1595) lässt das Ferment, welches mit der zu zersetzenden Substanz in einer
gewissen Verwandtschaft stehen muss, durch Wärme wirken, „agit fermentum praesidio caloris
interni maxime"; sobald er aber die fermentatio zu definiren versucht, stolpert er über dieselben Steine, denen auch L u l l nicht auszuweichen vermocht hatte. Man höre: „Fermentatio
est rei in substantia, per admistionem fermenti, quod virtute per spiritum distributa totam
penetrat massam et in suam naturam imutat, exaltatio"[1]). Nach v a n H e l m o n t (1648)
wird bei der geistigen Gährung etwas verflüchtigt, was ohne Gährung sich als Kohle zeigen
kann; das gas vinorum aber sei total verschieden vom Weingeist. In etwas schulmeisterlichem
Tone schreibt er: „Docebo, omnem transmutationem formalem praesupponere fermentum cor-
ruptivum" (bei jeder Veränderung findet Gährung statt). M a y o w konfundirt geistige Gährung,
Essiggährung und Fäulniss, wodurch er unklar wird. S y l v i u s d e l e B o ë († 1672) distin-
guirt zwischen Gährung und Effervescenz und zwar so, dass bei erster eine Zerlegung, bei
letzterer eine Verbindung stattfinde. An ihn schloss sich L e m e r y an, indem auch er in
seinen „Cours de chimie" (1675) zwei Arten unterscheidet, „deren eine beim Zusammentreffen
von Säure und Alkali auftritt und als Aufbrausen bezeichnet werden kann, die andere sich
dadurch gestaltet, dass eine weiche Masse von Teig oder fliessender und schwefelhaltiger
Körper wie Most, Cider und andere Pflanzensäfte durch eine Säure in Verdünnung gebracht
werden und diese Fermentation heissen kann". Ueber die Gährung im Allgemeinen ist er der
Ansicht, dass sie durch das natürliche Salz der gährenden Substanzen erregt werde: „Die
Gährung, die im Teige, im Moste und den übrigen ähnlichen Substanzen eintritt, wird hervorgerufen durch das natürliche Salz dieser Substanzen, das sich abtrennt und in der Bewegung

---

[1]) Daran knüpft er noch einen langen Sermon über fermentationes in vegetabilibus: „Sunt etiam
fermentationes in vegetabilibus. Et primum quidem illa usitatissima in massa frumentacea per frumentum
acidum, cujus naturam imitatur, vel etiam superat spiritus ardens ex frumentis extractus vel fecibus
potium inebriantium sicut et ipsae feces vini vel cerevisiae fermentant. Deinde est fermentatio potuum,
qua fervescunt et secessu facto repurgantur. Ea item per feces valentes e vino vel cerevisia sumtas.
Ita cum e polenta aquam ardentem elicere volunt, eam fermentant. Mutatur enim illa mistura ad naturam
fermenti, maxime si bis fiat."

emportreibt, die groben öligen Bestandtheile, die seinem Fortgange sich widersetzen, verdünnt und hebt, wodurch ein Erheben der Masse zu Stande kommt." Ein gleichzeitiger Gelehrter, B e c h e r († 1682), kommt zu dem Resultate, dass nur Zuckerhaltiges die geistige Gährung erleiden könne und erst durch die Gährung der Weingeist entstehe. Er theilt die Gährung in drei Arten: intumefactio (Gasentwicklung), proprie fermentatio (Gährung im engeren Sinne d. i. geistige Gährung) und acetificatio (Essiggährung). L e u w e n h o e k (1680) war der Erste, welcher die Bierhefe mikroskopisch untersuchte und fand, dass sie aus kleinen eiförmigen Kügelchen bestehe, deren Natur er aber nicht zu erklären vermochte. Durch dieses völlige Auseinandergehen konnte es geschehen, dass man an der Lösung der Gährungsfrage zu verzweifeln begann und Stimmen wie die eines K u n k e l (geb. 1630) laut wurden, der in seinem „Laboratorium chymicum" schreibt: „bishero hat keiner gelebt und lebet zur Zeit noch nicht, wird auch nimmer kommen, der das Punctum Fermentationis recht akkurat treffen sollte." Die Prophezeihung sollte sich jedoch nicht erfüllen, denn eben in derselben Zeit traten zwei Männer auf, die der ganzen Strömung eine andere Richtung gaben — W i l l i s (1621—75) und S t a h l (1660—1734). Durch jahrelanges Forschen waren beide zu demselben Resultate gekommen, dass nur ein in Zersetzung begriffener Körper diesen Zustand auf einen anderen übertragen könne, was W i l l i s in seiner Schrift „Diatribe de fermentatio" (1659), S t a h l in seiner „Zymotechnia fundamentalis" (1697) aussprach. Von S t a h l's Werk erschien 1734 die erste deutsche Uebersetzung. Er erklärte darin Gährung und Fäulniss für analoge Vorgänge und definirte die Gährung als einen speciellen Fall der Fäulniss. „Die Gährung ist eine innerliche Bewegung, sagt er, wodurch verschiedene nicht allzufest verknüpfte Zusammensetzungen vermittelst einer dahin dienlichen Feuchtigkeit ergriffen und durch langwieriges Untereinandertreiben an einander gerieben und gestossen werden, wesshalb die Verknüpfung des gegenwärtigen Zusammenhanges von einander gerissen, die abgerissenen Theilchen aber durch das stete Reiben verdünnt und in neue und zwar stärkere Verbindung gesetzt werden." Die Erklärung basirt völlig auf mechanischen Grundsätzen, doch ist nicht zu übersehen, dass er schon zucker-, mehl- und milchhaltige Körper als besonders gährungsfähig entdeckte. Weiter führt er sodann aus, dass bei geistiger Gährung sich eine Substanz ausbilde, in welcher die brennbaren Theilchen vorwalten (Alkohol), bei der sauren Gährung sich der Alkohol mit einem Ueberschuss an Säure vereinige u. s. w.

Diese Interpretation war durchschlagend, nur vereinzelte Stimmen skepticirten und variirten an der ausgesprochenen Theorie, und wenn Gelehrte wie B o e r h a v e zwischen geistiger und saurer Gährung distinguiren, so können wir darin nur ein Anschliessen und Weiterführen S t a h l'scher Anschauung erblicken, wie auch aus der hie und da citirten Stelle ersichtlich: „Fermentationis nomine intelligam motum intestinum, excitatum in vegetabilibus, quo haec ita mutantur, ut liquor in destillatione inde primo vi ignis assurgens, sit acer, aquae miscibilis, calidi aromatici saporis, in igne olei instar inflammabilis, tenuis, volatilis, vel acer, acidus, ignem extinguens et flammam minuis volatilis, tenuis." Erst W i e g l e b sprach in seiner 1776 veröffentlichten Abhandlung „Neuer Begriff von der Gährung und den ihr unterwürfigen Körpern" die Ansicht aus, dass Weingeist und Essigsäure schon in gährungsfähigen Körpern gebildet in fester Verbindung als nähere Bestandtheile enthalten seien und bei der Gährung nur abgeschieden werden, was eine Kontroverse hervorrief, an welcher sich besonders G r e n und W e s t r u m b betheiligten. Wichtiger als all dieses ist das Eingreifen des grossen Reformators L a v o i s i e r, des Vernichters der bis dahin die Chemie beherrschenden phlogistischen Theorie. Die These „die Elemente verbinden sich mit einander stets nach gewissen unabänderlichen Verhältnissen" fuhr wie eine Brandfakel in das morsche Gewirr veralteter Hypothesen und warf ein grelles Licht über die dunkeln Gebiete. „Die Gährung ist ein durch chemische Kräfte bewirkter Process" schrie man die halsstarren Phlogisten an, und mit Ameisenfleiss begann man die Versuche wiederum von vorne. Bis in unser Jahrhundert herein reichen die Fäden, welche fleissige Forscher von hier aus weiter gesponnen. „Bei der Weingährung wird der Zucker. ein Oxyd, in 2 Theile getrennt; der darin enthaltene Sauerstoff verbindet sich mit einem Theile des Kohlenstoffes und bildet Kohlensäure, der andere Theil des Kohlenstoffes verbindet sich mit dem Wasserstoff, um Alkohol zu erzeugen" ist der Grundgedanke Lavoisier'scher Theorie. Fabroni's Schrift „Dell' arte di fare il vino" (1787). in welcher er die Erklärung abgab: „in dem gegohrenen Wein ist der Weingeist noch nicht fertig gebildet, sondern entsteht erst bei der Destillation des Weines", der sich auch Berthollet anschloss, rief eine wissenschaftliche Fehde hervor. in welcher Brande (1811) und Lussac (1813) bewiesen, dass der Alkohol im Weine schon vor der Gährung enthalten sei. Uebrigens sprach Fabroni es zuerst aus, dass die Substanz, durch welche der Zucker zersetzt wird, vegeto-animalischer Natur sei; „sie ist bei der Traube sowohl wie beim Getreide in besonderen Schläuchen enthalten".

In neuer und neuester Zeit haben eine Masse von Gelehrten das Problem bearbeitet. und wir versuchen die Ansichten der hervorragendsten in Kürze noch zu referiren. Frank, der noch dem 18. Jahrhundert angehört. meint. ein hochgedarrtes Malz enthalte statt des süsslichen, nahrhaften Schleimes ein ranziges Oel und einen dem Harze ähnlichen Körper, wovon das Bier eine dunklere Farbe annehme und desshalb Wallungen verursache. Turpin nähert sich mehr Fabroni und spricht schon bestimmt aus: „Unter Gährung muss man ein Zusammenwirken von Wasser und lebenden Körpern verstehen, die sich ernähren und entwickeln durch Aufnahme eines Bestandtheiles des Zuckers, indem sie daraus Alkohol und Essigsäure abscheiden". Berzelius (geb. 1779) will die Hefe nur als krystallinisches Pulver gelten lassen und sucht die Gährung durch Katalyse zu deuten. die dahin geht, dass, wenn das Ferment den Zucker berühre, ein dritter unbekannter Körper die Spaltung des Zuckers in Alkohol und Kohlensäure bewirke. Thénard (1803) nennt die Hefe eine animalische Substanz, wobei er nicht so fast die Organisation derselben als vielmehr ihre chemische Zusammensetzung im Auge hat. Dem Astier (1813) ist der Gährungsstoff ein lebendiger Körper, der sich auf Kosten des Zuckers ernährt und eine Stöhrung im Gleichgewichte der Elemente des letzteren herbeiführt. Exleben (1818) hält die Hefe für einen organischen Körper und für die Ursache des Gährungsprocesses. 1835 behandelt Schwann den Zusammenhang zwischen den Organismen in der Hefe und dem Gährungsprocess. Zur selben Zeit macht De la Tour dieselbe Entdeckung und führt die Wahrscheinlichkeit aus, dass die Hefekügelchen in Folge ihrer pflanzlichen Entwicklung Kohlensäure aus der zuckerhaltigen Flüssigkeit austreiben und dieselbe so in eine spirituöse Flüssigkeit umwandeln. Meyen bringt die Hefe des Bieres unter die Pilze und ist der Schöpfer des Namens Saccharomyces. Liebig hingegen betrachtete die Gährung als mechanischen Vorgang, die Hefe als eine stickstoffhaltige Substanz, deren Atome in beständiger Umsetzung begriffen, den Zerfall der gährungsfähigen Masse veranlassen. Pasteur, der bekannte französische Gelehrte, griff wiederum auf Schwann zurück und erklärte mit Bestimmtheit, dass ohne Organisation Gährung unmöglich sei[1]); hiedurch hatte die vitalische Theorie (Turpin, De la Tour, Schwann etc.) den entschiedenen Sieg davongetragen, und auch Liebig trat später dieser Anschauung im Principe bei, indem er die bei der alkoholischen Gährung thätige Hefe als lebenden Organismus erkannte.

Trotz dieser Errungenschaften wird mit angeerbter Rastlosigkeit fortgearbeitet, und wenn von der Vorführung der gegenwärtigen Resultate Abstand genommen wird, so geschieht dies. weil eine solche das Wesen einer historischen, besonders allgemein gehaltenen Darstellung weit überschritte. Man kann sagen, mit Pasteur ist der Markstein für die geschichtliche Behandlung dieses Zweiges bis auf Weiteres gegeben, da er geradezu epochemachend nach dieser Seite hin auftrat. Freilich ist damit auch zugleich der Grenzstein bis tief in die Gegenwart

---

[1]) „Ich denke, dass es nie alkolische Gährung giebt ohne gleichzeitige Organisation, Entwicklung und Vermehrung von Zellen oder fortgesetztes Leben schon gebildeter Zellen."

hereingerückt, zu welchem aber, will man die in geschichtlichen Bearbeitungen nun einmal kaum zu beseitigenden Unterbrechungen einigermassen umgehen, die Darstellung fortgeführt werden musste. Zudem haben alle diese Forschungen zu tief ihre Wurzel im 2. Zeitalter, als dass sie, wenn man nicht das ganze Wesen der Zeit missverstehen will, aus einander gerissen werden dürften. Es ist nicht zu leugnen, dass die ersten Punkte dieser Untersuchungen schon im Mittelalter auftauchen; dessungeachtet verlegen wir den Schwerpunkt des Ganzen ins 2. Zeitalter. Nicht im ersten Anstoss, im primären Versuchen liegen die Verdienste des Historischen, sondern im energischen Durchführen, im bewussten, resultatsicheren Handeln. Jeder Gebildete weiss, dass ein Kolumbus nicht der erste Europäer war, der Amerika betrat, lange vorher war dasselbe schon anderen gelungen; dessungeachtet nennen wir ihn den Entdecker; denn er war es, der nicht ungewiss experimentirend oder zufällig, sondern mit bewusster, erfolggewisser Berechnung die Entdeckung unternahm und dieselbe vor einem Verlaufen ins Zwecklose zu schützen und ins Interesse der Mit- und Nachwelt zu ziehen wusste. So auch hier. Die mittelalterliche Behandlung war ein Tasten und Rathen; erst die Männer des 17. und 18. Jahrhunderts wussten die Stoffe mit klarem Bewusstsein in die Hand zu nehmen, die Basen aufzumauern, auf welchen die Gegenwart mit ihrer Forschung gebaut ist — und dies ist ihr grosses Verdienst.

Neben dieser rein analytischen Bethätigung findet sich eine mehr beschreibende, theilweise populär zu bezeichnende Richtung, welche sich die Besprechung gewisser damals beliebter Bierspecialitäten, deren Bereitung oder auch, in etwas umfassenderem Sinne, den allgemeinen Stand der Bierkultur gewisser Distrikte zur Aufgabe macht. Das Auftauchen solcher Arbeiten, die nicht selten mit entsprechenden Holzschnitten geziert sind, hängt ebenso mit der vorwärtsschreitenden Buchdruckerkunst wie mit dem Emporwachsen des allgemeinen Bierkonsums zusammen; im Mittelalter finden wir etwas Derartiges nirgends. Ein Merkmal ihres Charakters sind schon die mitunter höchst originellen Titel. Im 16. Jahrhundert ist die Zahl dieser Schriften im Vergleich mit den folgenden noch nicht besonders bedeutend. Zudem datirt die Mehrzahl derselben aus der zweiten Hälfte des Jahrhunderts.

Das älteste bis jetzt bekannte und datirbare Werkchen dieser Species mit der Jahreszahl 1530 trägt die Ueberschrift: „Ein Schöns buchlein von bereytung der wein und bier zu gesundtheit und nutzbarkeit der menschen. gedruckt zu Erffurd durch Melcher Sachssen yn der Archen Noe." 1551 schrieb ein Gelehrter (Placotomus) „De natura cerevisiarum et de mulso" und etwas später (1585) ebenfalls in lateinischer Sprache Thaddaeus Hagecius ab Hayk „De cerevisia ejusque conficiendi ratione, natura, viribus et facultatibus". Bedeutender als alle diese ist das bekannte deutsch verfasste Buch Heinrich Knaust's und zwar nicht so fast wegen seiner historischen (!) Deduktion, als vielmehr wegen der persönlich gesammelten Uebersicht über die Bierverhältnisse seiner Zeit. Dieses Werk hauptsächlich ist es, welches ermöglicht, sich eine klare Anschauung von der hohen Entwicklung und der Macht des Brauwesens am Ende des 16. Jahrhunderts zu bilden. Auf das erste Blatt seiner Schrift, eines echten Produktes der damals schon flott keimenden hochgelahrten Schwulst und Breite, schrieb der Magister den famosen Titel: „Fünff Bücher von der göttlichen und edlen Gabe der philosophischen, hochthewren und wunderbaren Kunst, Bier zu brawen. Auch von Namen der vornempsten Biere in ganz Teutschlanden und von deren Naturen, Temparamenten, Qualiteten, Art und Eigenschafft, Gesundheit und Ungesundheit, Sie sein Weitzen- oder Gersten-, Weisse oder Rotte Biere, Gewürtzet oder Ungewürtzet. Aufs newe ubersehen und in viel wege uber vörige edition gemehrt und gebessert. Durch Herrn Heinrich Knausten, beider Rechten Doctor. Getr. zu Erfurt durch Georgium Bawmann 1575 in 12." Der Kuriosität halber möge hier noch seine Darstellung in Bezug auf den Ursprung des Bieres Platz finden. Nach dieser assen die Menschen vor der Sintflut „Kraut und Gemüss", tranken Wasser, und es sei, meint er, zu verwundern, „dass sie zuletzt so frech und übermüthig dabei geworden". Nach der „Sindfluss" erhielten sie den Wein, und wo kein Weinwuchs war, „hat

Gott sie gelehrt, von Weitzen und Gersten einen Trank zu machen, der gesund und lieblich zu trinken war, davon die Natur des Menschen nicht weniger zunehmen, gesterket und erhalten werden könnte, als eben vom Wein".

Im 17. Jahrhundert machen sich besonders Dissertationen und Schriften physiologischen Inhalts bemerkbar; so Werner mit seiner „Oratio de confectione ejus potus, qui cerevisia vocatur" (1629), Schoock „De cerevisia" (1661), J. A. Schmidt „Dissertatio de cerevisia ut est alimentum" (1680), J. Wolf „De cerevisia Numburgensi" (1684), Meibom „Comentarius de cerevisiis potibusque et ebriaminibus extra vinum aliis" (1688), Eysel „Dissertatio de cerevisia Erfurtensi" (1689), Ph. Limser „Dissertatio med. de cerevisia Servestana" (1693), G. H. Stahl „Allgemeine Bierbrauerkunst" (1697), Gazius, Hagk, Stengel u. A.

Anfang des 18. Jahrhunderts zeigen sich auch in der Litteratur noch ziemlich gravirend die Spuren der langsam verschwindenden Trinklust, wie dies unter anderen Brückmann's „Poetische Beschreibung der Braunschweiger Mumme" (1723), zum Theil auch noch seine „Beschreibung des fürtrefflichen Weizenbieres, Duckstein genannt" (1723) und David Kellner's „Hochnutzbar und bewährt Edle Bierbraukunst" (1710) beweist. Bald verräth aber auch die gleichzeitige Schriftstellerei und ein mehr und mehr sich breit machender polemisirender, oft gereizter Ton das stetige Sinken der Kultur; wir citiren Fr. Jakobi „De cerevisiae bonitate dissertatio" (1704), Brückmann „Relatio phys. med. de cerevisia, quae Duckstein dicitur" (1722) etc. Besonders war es der bekannte Berliner Arzt J. G. Zimmermann, welcher sich veranlasst fühlte, das Bier geradezu für Gift zu erklären. Wie angenehm sticht gegen solches Gefasel der ironisch-derbe Wiener Abraham a Santa Clara ab, dessen Erzählung vom Ursprung des Bieres in seinem „Etwas für Alle" (1711) wir uns als Pendant zu Knaust's Entwicklung nicht versagen können: „Der Noë hat zwar den ersten Weinstock oder Reben gepflanzt, welches Gewächs nachmals durch die ganze Welt ausgebreitet worden; weil aber etlicher Orten der rauhe Luft dem Weinstock zuwider und folgsam solcher in dergleichen Orten nicht fruchten thut, also hat der Menschen Witz ein anderes Trank erfunden, welches nicht allein den Durst löschet, sondern, gleich dem Wein, auch den Türmel in den Kopf bringt. Bei den Teutschen hat es den Namen Bier, und solches zu sieden brauchet es eine absonderliche Erfahrenheit und wird bereits unter den Handwerkern nicht das mindeste gezählet." Von anderen werden besonders genannt: Ehinger, Fritsch, Germershausen, Gleditsch, Heumann, Hofmann, Sensky, Solms, Trafenreuter etc.

Bei solch gelehrtem und litterarischem Wetteifer in zymologicis wird man es erklärlich finden, dass auch die hohen Vertreter der Wissenschaft sich nicht bloss theoretisch an dem viel umworbenen Gerstensafte labten, sondern wohl manch „Kännlein und Krüglein" hinter der steifen Halskrause verschwinden liessen. Dabei spielte auch schon damals die Klerisei eine nachdrückliche Rolle; Luther's Vorliebe für das Bier z. B. ist ja allbekannt[1]). Die würdigen Vorbilder der gelahrten Professorenwelt bestrebte sich die Studentenschaft — ob Mediciner, ob Theologe — in redlichem Bemühen zu erreichen, woher es wohl kommen mag, dass die traditionsstarre Jugend der Hochschulen noch heute so gerne in die einladend gähnenden Thorbogen kühler Bierkeller schwenkt. In der Renaissance verlaufen auch die letzten Spuren von Biercomment und Bierspielen.

> Des Volks gemeine Horte blieb nicht hinten,
> Es wusste Kneip und Maul sehr wohl zu finden;
> Im Hochgenuss des Seins aus Schlauch und Fass
> Soff's Tag und Nacht das edle braune Nass.

---

[1]) Am Abend nach jenem denkwürdigen Tage zu Worms (1521) sandte ihm Herzog Erich von Braunschweig einen Krug Eimbecker Bier, dem er besonders hold war.

Das spiessbürgerliche Leben des Mittelalters war in bedeutende Gährung gerathen, der fortwährend sich steigernde Verkehr, Reichstage, Koncilien, Bauernunruhen, Fehden — alles half zusammen, den mittelalterlichen Menschen aus seinen vier Pfählen herauszureissen und in die immer höher gehenden Fluten hineinzustossen, bis der 30jährige Krieg Mitteleuropa in ein allgemeines Kriegs- und Sauflager verwandelte.

In Schenken und Gewölben, in warmer Jahreszeit vor den Wirthshäusern, wurde das Getränke vom „Biertepper" (Schankwirth) verzapft; daneben schenkten die vererbten „Biereigen" von Zeit zu Zeit in ihrem eigenen Hause (in der Wohnstube) noch Bier und kündeten es durch ein Besenreis, das wagrecht über die Thür gesteckt wurde, dem Publikum an. Dass aus diesen Besenreisern sich die blechernen Aushängschilde entwickelten, liegt auf der Hand. In der Oberpfalz, im Schwarzwald und anderwärts werden noch jetzt, wenn ein Kommunbrauer (resp. Weinbauer) anzeigt, dass er schenken will, Besen oder Dreiecke von Tannenzweigen ausgehängt. Die Schankwirthe vertauschten in der Folge diese primitiven Firmenzeichen mit den dauerhafteren aus Blech und Eisen. Vor den Schiebfenstern der Kneipen waren Klapptische aufgeschlagen, auf welche sich vorzüglich die Fuhrleute ihre Krüge herausgeben liessen und die herumziehenden Banden, deren es damals eine fast unglaubliche Menge gab, sich festsetzten, um mit Lärmen und Würfelspiel die Zeit zu verbringen, bis die Bierglocke der Stadt die einen in die Herberge, die andern nach Hause wies[1]). Ward Messe gehalten, so bezogen die Kretschmerweiber die Bänke, wo sie ihr Bier in steinernen, zinnernen und hölzernen Krügen verkauften. Von den nächststehenden Bäcker- und Fleischerständen holte man sich Brod, Fleisch, Wurst, Käse etc. Schon damals liebte man es, Geschäfte bei Wein und Bier abzuschliessen. War irgend eine öffentliche Festlichkeit, so waren die Bierbuden ein Haupterforderniss, Dudelsack und Trumscheit (Geige) fehlten nie, und toll und voll tanzte die Menge durch die Reihen der besetzten Tische und Bänke. Ueber das Leben und Weben in diesen Kneipen und vor denselben haben uns die niederländischen Genremaler hunderte von Kabinetsstücken hinterlassen, die uns in den reizendsten und humoristischsten Variationen dasselbe veranschaulichen. Ich erinnere an Tenier (z. B. dessen „Jahrmarkt" in der Münchener Pinakothek[2]) mit 1138 menschlichen Figuren, 45 Pferden, 67 Eseln, 37 Hunden etc., die sich in buntem Gemisch durch einander drängen), an die P. Brueghel, die Ostade, Brower, Jan Steen, der aus Lust zum Kneipenleben selbst Wirth wurde; auch an Rubens, von welchem diesbezügliche Skizzen erhalten sind u. s. w. Dazu kam noch, dass im 30jährigen Kriege, also gerade auf dem Kulminationspunkte der ganzen Epoche, der Tabak aufkam und so schon damals der jetzt als unzertrennlich geltende Dual „Bier und Tabak" eine geschichtliche Rolle spielte. Zum Brauen verwandt wurde besonders Gerste und Mischkorn (Roggen-Weizen, Gerste-Hafer, Hafer-Roggen); doch fanden auch die Kräuterbiere noch immer ihre Liebhaber. Interessant ist, dass man glaubte, durch einen Zusatz von Pech dem Gährungsprodukt einen grösseren Grad von Haltbarkeit zu verleihen.

Nicht zu übersehen ist, dass dieser Bierkultus in Süddeutschland, wo heutzutage das Bier so sehr geschätzt wird, nicht so hoch entwickelt war wie in Norddeutschland. Sachsen, die Mark und Pommern wurden geradezu als „die grossen Trinklande" bezeichnet. Es wimmelte von berühmten Biernamen, und man rechnete es sich nicht zu geringem Verdienste an, von den diversen Biercelebritäten an der Quelle gekostet zu haben, wie aus Knaust's Buch ersichtlich ist. Da gab es einen lübischen Israel, einen alten Klaus (Brandenburg), eine Goslarer Gose, einen Hannover Broihan, einen Solzmann zu Salzwedel, ein Rastrum zu Leipzig, Bier von Corvey, Bier von Harlem, Danziger Bräu, Embecker Bräu u. s. w. Von englischem Gebräu stand besonders das Herforder Bier (Kamma) und das Yorkshire-Ale in An-

---

[1]) Vergl. „Erfurter Stadtrecht".

[2]) Das Gemälde ist 8′ hoch, 12′ breit.

sehen. Den weitaus grössten Ruhm aber genoss die Braunschweiger Mumme, ein Getränke, das nach seinem Erfinder Christian Mumme (1492) getauft war und über den ganzen Planeten verfrachtet wurde. Neben diesen cervisiellen Berühmtheiten hatten sich die alten Bierstädte des Mittelalters lebensfrisch in die Renaissance herein vererbt, wie z. B. Hamburg mit seinem Weizenbier[1]) und andere, zu welchen weitere Städte in regem Eifer theils durch Annahme einer neuen Methode, theils durch Erweiterung und Vermehrung der Braustätten sich empor-zuarbeiten bemüht waren (so ward in Nürnberg das berühmte Weissbier 1541 das erste Mal gebraut; 1564 ward in Wien das Brauhaus am Hundsthurm gebaut, 1689 das Gumpendorfer, 1706 St. Marx; 1633 besass Freiberg 6 Malzhäuser und 12 Brauereien u. s. w.). Es kann nicht in unserem Plane liegen, alle die Lokalnachrichten oder die verschiedenen Fragen über das Woher und Wann der einzelnen Biere und ihrer Namen zusammenzustoppeln und wieder-zudreschen. Interessenten verweisen wir auf die zerstreuten Detailaufsätze bezüglicher Fach-zeitschriften.

Es ist oben dargelegt worden, wie im Verlauf des Mittelalters die Klöster und Städte es verstanden hatten, so ziemlich ausschliesslich die so bedeutenden Bierprivilegien an sich zu ziehen. Diese Rechte hatten sich auch in das neue Zeitalter herüber vererbt; dazu aber trat nun ein neuer Faktor. Die Renaissance war es, welche den Adelsgütern das lange vor-enthaltene Braurecht zurückgab und so das mittelalterliche Monopolsystem vernichtete[2]). Da-durch waren die letzten Hemmnisse des schon im Mittelalter so hoffnungsvoll aufkeimenden Bierverkehrs beseitigt und konnte sich derselbe zu einer Höhe entwickeln, die sich eines Vergleiches selbst mit der Gegenwart nicht zu schämen braucht. Heute freilich ist es ein Leichtes, auf wohlgeschienten Bahnen Bier mit Expresszügen in eigens konstruirten Eis-waggons von Wien nach Paris zu senden; wenn wir aber von Eimbeckerbiertransport bis in die Lombardei[3]), bis Alexandria und Kairo lesen, so müssen wir staunen über den Unter-nehmungsgeist jener Zeit bei damaligen Verkehrsmitteln. Nürnberg war ein Hauptstapelplatz dieses Geschäftes. Rostock und Lübeck versorgten ganz England mit Bier und sandten jähr-lich 800 000 Fässchen dahin, und erst als die Engländer selbst begannen, in grösserem Mass-stabe zu brauen[4]), nahm dieser Export allmählich ab.

Die fürstlichen Höfe waren es besonders, welche neben dem Gebräu aus eigenem Brauhaus es liebten, an fremden Produkten sich zu ergötzen, und bei Feierlichkeiten wie fürstlichen Hochzeiten, Kindstaufen, Schützen-, Jagdfesten u. dergl. ward Unglaubliches vertilgt. Es gab zu jener Zeit Individuen, die von Hof zu Hof reisten zu dem eigenen Zweck, sich in ihren Saufkünsten zu produciren, und grosse Gelage endeten häufig mit allgemeinem Rückzug unter die Tische. „Vors gräfliche und adeliche Frauenzimmer aber 4 Mass Bier und des Abends zum Abschenken 3 Mass Bier" besagt die Kellerordnung des Herzogs Ernst des Frommen von 1648; wie viel vors gräflich und adeliche Jungherrlein und vor die Trabanten gestattet war, überlassen wir der Phantasie des Lesers. Adeliche, die keine Brauhäuser be-sassen, hatten ihren Bedarf von der fürstlichen Brauerei zu beziehen; Biergelte aber hatten auch die Vasallen zu entrichten, die selbständig brauten. Ein treffliches Beispiel für diese Verhältnisse bietet uns das berühmte Hofbräuhaus in München, in dessen weissge-tünchten Räumen noch heute jeder Fremde wenigstens eine Stehmass kostet. Schon unter Ludwig dem Strengen bestand ein kleines fürstliches Brauhaus daselbst (in der Nähe der Burggasse); als jedoch gegen Ende des 16. Jahrhunderts die Bedürfnisse sich mehr und mehr steigerten und der kleine Betrieb längst nicht mehr hinreichte, schritt Wilhelm V. zur Er-

---

[1]) Weizenbier spielte noch im 30jährigen Kriege eine bedeutende Rolle; Wallenstein selbst war ein grosser Verehrer desselben.

[2]) Böhmen datirt dieses Faktum von 1517.

[3]) Der Italiener Arnoldus v. Villanova hat darüber geschrieben 1594.

[4]) Aus dieser Zeit stammen eine Menge englischer Grossbrauereien mit ihrer alten Einrichtung.

bauung des jetzigen. Anfänglich nur für Weissbier¹) bestimmt, fing man endlich 1708 an,
auch Braunbier daselbst zu sieden. In den Mainummern der Münchener Lokalblätter gehört
dieses Thema zu den jährlich wiederkehrenden, stereotypen Artikeln (sog. Bockartikel), welche
in feierlich salbungsvollem Tone dem andächtigen Bockpublikum die Geschichte vom Hofbräuhaus und seinen Produkten bis ins kleinste reproduciren. Was den B o c k selbst betrifft, diese
nun freilich nicht mehr ausschliesslich münchnerische Specialität — denn auch in anderen
Städten verkauft man ebenfalls alljährlich ein Getränke unter dieser Firma — so verlegt
G r ä s s e das Entstehen desselben ins 17. Jahrhundert und sieht denselben für eine N a c h -
a h m u n g d e s E i m b e c k'schen Bieres an; letzteres freilich mehr in Folge einer allgemeinen
These und der Wortspielerei mit Eimbeck, Aimbock, Bock (!)²), denn eines bewiesenen Fak-
tums. Er sagt, der Münchener·Aimbock oder Bock ist vor 1616 entstanden, der jetzt noch
Anfangs Mai und an Frohnleichnam verschleisst wird. Nun aber ist nachgewiesen, dass in
der ganzen zweiten Hälfte des 16. Jahrhunderts (1553, 1574) Aimpeckisch und Eimbeckisch Bier
genannt wird, dass selbst noch 1771 der Bierimport von Eimbeck in München konstatirt ist,
nirgens aber sich eine Anspielung auf den Namen „Bock" finden lässt. Dass übrigens das
Treiben im Bockkeller³)· (an Stelle des jetzigen Restaurant Bonnet) Anfang unseres Jahrhunderts in vollem Schwung war, beweist uns Chr. M ü l l e r, der unter Max Joseph schrieb
und uns das Bockkellerleben genau so schildert, wie es noch in den letzten Jahren vor dem
Verschwinden des historischen Lokals anzusehen war, und es ist auch zweifelsohne der Ruf
des Münchener Bieres an sich zur grösseren Hälfte von dieser Specialität abzuleiten. G r ä s s e
ist betreffs des bayerischen Bierruhmes, in welchen er als selbstverständlich den Münchener
einschliesst, der Ansicht, dass die allgemeine Vorliebe für dies Gebräu nicht weit über die
ersten Jahre dieses Jahrhunderts hinausgehe, wofür er entscheidende Beweise vorbringt. Dem
ist jedoch entgegen zu halten, dass bei einer solchen Untersuchung vor Allem bayerisches Bier
und Münchener Bier a u s e i n a n d e r z u h a l t e n ist, da des ersteren Berühmtheit eine relativ
sehr junge ist und kaum noch ins erste Fünftel des 19. Jahrhunderts hinaufreicht und die
Verbreitung desselben ins Ausland nicht von München seinen Anfang genommen hat, ja bis
heute es der bayerischen Hauptstadt nicht gelungen ist, sich an die Spitze des Exportes zu
stellen. Der Ruf des Münchener Bieres ist ä l t e r, da schon M ü l l e r (1816) von einem
solchen als einem notorischen spricht und klagt, dass die Vortrefflichkeit des einheimischen
Gebräues „von dem Tölzer und Dachauer weit übertroffen werde", welche die Münchener Bier-
schenken beherrschen. Das hängt wohl mit ‚den traurigen aus dem 18. Jahrhundert herüber-
vererbten Bierverhältnissen überhaupt (vergleiche unten) zusammen, und so würden wir von
selbst ins 17. Jahrhundert verwiesen, womit die allgemeine Glanzzeit gewiss nicht in Wider-
spruch steht. Hiemit in Korrespondenz steht die Ende des 16. Jahrhunderts erfolgte Gründung des Münchener Hofbräuhauses durch Wilhelm V., und es sind somit wohl gerade diese
alten Räume als der Central- und Ausgangspunkt anzusehen, wo der Ruhm des Münchener
Bieres geboren, grossgezogen und selbst durch die Perücken- und Zopfzeit hindurch, nachdem
die Klöster, welche so viel zum Münchener Bierrenommée beigetragen, aufgehoben, vor Siech-
thum geschützt wurde. Mit dieser Erklärung lässt sich auch G r ä s s e's Entstehung des
Bockes in Einklang bringen, freilich nur nach der c h r o n o l o g i s c h e n S e i t e, nicht nach
der etymologischen; denn ganz abgesehen von der Spielerei mit Bier von Eimbeck und Bock-
bier wäre der Zweck eines Bierimportes von Eimbeck nicht einzusehen, wenn Bock, schon
Anfang des 17. Jahrhunderts in´ München gebraut, dasselbe wäre, was Eimbecker Bier. Eben
dies bestätigen auch die Ausführungen eines historischen Aufsatzes im alten Bockblatt (Nr. 2,
Jahrgang nicht beigedruckt, 1842 ?), welche das Auftauchen des Bockes in München ins
Jahr 1623 verlegen und denselben als Imitation eines englischen Getränkes darlegen. Die

---

¹) Das Braunbier ward in der alten Brauerei gesotten.
²) Vor Kurzem hat das Münchener Fremdenblatt dieselbe Ansicht vertreten.
³) Noch früher in einer Wagenremise des alten Hofes.

Zusammenstellung mit P o r t e r aber beruht offenbar auf Konfusion, da ja dieser erst Anfangs des 18. Jahrhunderts zu Bedeutung gelangte und ausserdem das Hopfenzusetzen zum englischen Biere erst in den 20er Jahren des 18. Jahrhunderts allgemein wurde. Das witzige Geisstränklein (Jesuitenpatent) und das hochberühmte Salvatorbier daselbst stammen aus derselben Zeit.

Die Ausführung dieses Falles möge genügen, um darzulegen, wie Einzelerscheinungen und Detailbeispiele völlig verwachsen sind mit dem Gesammtbild und mit der Kulturhöhe der Zeit, und wie erst mit Reflex aufs Ganze des Besonderen volle Bedeutung sich verstehen lässt. Doch wie überall, so trug auch hier die Blüte bereits den Keim des Absterbens in sich.

D é c a d e n c e.

Die Kriegszeiten des 17. Jahrhunderts und die Perückenwirthschaft Frankreichs waren es, welche nicht bloss in dem arg zugerichteten Deutschland, sondern auf dem ganzen Kontinente einen vollkommenen U m s c h l a g der Dinge bewirkten. Louis Quatorze wusste nicht nur in die politischen Verhältnisse jedes Landes sich einzudrängen, selbst das ganze öffentliche und private Leben unterlag in Kurzem dem französischen Einfluss: Französisch konversiren, französisch beten und fluchen, französisch sich amüsiren und sündigen, französisch essen und trinken — alles der Schablone, wie's die Kavaliere von Paris mitbrachten, nachzuäffen, war das Bestreben der nun folgenden, traurigen Zeiten; traurig für den Patrioten, traurig für den Bierbrauer, denn Bier — quelle horrible parole — Bier war une boisson du commun. Die herrlich getriebenen, arabescirten Humpen und Kannen wurden in die Rumpelkammer gestellt, wo sie verstaubten,' indessen man sich Champagnergläser von Paris, Porcellantassen von Dresden und Nymphenburg verschrieb. Abends, wo sonst die feisten Barone und stämmigen Hauptleute um die eichengeschnitzten Tische sich lagerten und mit derber Faust die Krüge regierten, trippelten jetzt die Spindelmännchen in ihren Schnallenschuhen über die Parkets der Comtesse X und unterhielten sich bei Konfekt und Theeduft über die Bravourpas der Demoiselle Y und die Memoiren des Herrn Z. Wie grell hebt sich davon das biertrinkende Tabakskollegium am Berliner Hofe ab. Die ganze Küche wurde umgestürzt und Pariser Köche mit Schaumlöffel und Tortenmesser traten an die Stelle der nun durch die Salons rauschenden Hausfrau. Das Hauptcharakteristikum dieser ethischen Umgestaltung ist das Zurücktreten der Fleischspeisen, das Vorherrschen nervenreizender Mittel und w a r m e r Getränke. Während man früher Milch mit Pfeffer oder Bier Morgens zu sich genommen, wusste sich das Kaffeefrühstück immer mehr Geltung zu verschaffen, wie es denn auch heute ohne Konkurrenz die erste Stelle unter den Tageskollationen allgemein behauptet. Von oben herab drangen diese Neuerungen in die unteren Volkskreise und wurden oft leider mit überstürzter Hast angeeignet. Dem Mittelalter und der Frührenaissance waren warme Getränke so gut wie unbekannt, höchstens ein warmer Wein, und dieser nur zu medicinischen Zwecken, wurde hie und da genommen. Jetzt rückte man von Allem die Kehrseite nach aussen, und nur die allerniedersten Schichten, einzelne Orte[1]) und Individuen, besonders wenn sie unter klösterlichem Einfluss standen, stemmten sich gegen das Präjudicium der Fremden. Es ist ein alter, oft gedankenlos citirter Satz, dass in den untersten Regionen des Volkes der Kern desselben stecke. Sturmfluthen sind über die Länder hinweggegangen, was obenauf lag ist verschwunden, nur die zähe Volkskraft, die am Boden haftet, ist geblieben. Man frage unsere Litteraturhistoriker, welche Auskunft sie über die alte Poesie geben könnten, wenn es keine Volkstradition gegeben hätte? Gab es doch eine lange Zeit, in der das feine Publikum lateinische Hexameter feilte, indessen in Höfen und Hütten unsere deutschen Heldenlieder allein noch gesungen wurden; gab es doch eine lange Zeit, in welcher der Hofmann affektirt den Kopf schüttelte über ein Getränke,

---

[1]) z. B. München, auch England etc.

das noch sein Grossvater aus Viermasskannen gesoffen. Das niedere Volk blieb zäh und jubelte auch am lautesten und ersten, als das belächelte Getränke wiederum zu Ehren kam. Von solchem offenen Nasenrümpfen über das kommune Bier mag auch das Ereifern gewisser Hofärzte und Apotheker beeinflusst gewesen sein, deren wir schon gedachten.

In dieser Zeit war es auch, wo der Rollenvertausch erfolgte und S ü d d e u t s c h l a n d sein epochemachendes Auftreten am Anfang unseres Jahrhunderts vorbereitete [1]; denn schon in der zweiten Hälfte des 18. Jahrhunderts waren es die bayerische und böhmische Braumethode, welche man, wenn überhaupt noch von derlei gesprochen wurde, als die bedeutendsten zu nennen pflegte.

Während aber so Praxis und Konsum immer mehr abstarben, begann es in einem Zweige sich zu regen, der bis dahin völlig unbeachtet, ja fast fruchtlos fürs Gewerbe vegetirt hatte — im Zweige der W i s s e n s c h a f t.

Zeitalter der Zymotechnik.

Die bisherige wissenschaftliche Bethätigung war für die Bierbrauerei eine rein t r a n s i - t o r i s c h e, die ohne jede Beziehung auf das Gewerbe neben diesem herlief. Sie war mehr philosophische Meditation als praktische Reflexion. Den Analytikern waren die Gährungserscheinungen nur Thatsachen, die sie nach ihrer Theorie auszubeuten hatten; an eine Wechselwirkung mit dem Gewerbe dachte nicht Einer. Dieses Verhältniss findet sich übrigens nicht allein bei der Bierbrauerei, es lagert über der ganzen Technik. Damals war die technische Chemie nichts mehr als eine Sammlung völlig empirischer Verfahrungsweisen, die mit der gelehrten Chemie nur in geringem Zusammenhange stand; einzelne Gelehrte hatten zwar zerstreute Gegenstände der Technik wissenschaftlich zu bearbeiten unternommen, aber die Mehrzahl der Gewerbe, bei welchen chemische Vorgänge statthaben, entbehrten doch immer noch jedes theoretischen Fundaments; ihre Erweiterung, ihr Fortschreiten war dem Ungefähr der rohen Empirie überlassen, ein Zustand, wie wir ihn schon in der allerältesten Zeit getroffen — keine Entwicklung, keine Forschung, keine Belehrung; ja man setzte einen gewissen Stolz darein, sich von Niemand etwas „dreinreden" zu lassen. Dies sollte nun endlich anders werden; aber wie jeder Mensch eine Partikel seiner Zeit, wie jede Bewegung ein Theil der grossen Kulturströmung ihrer Epoche ist, so ist auch dieser Umschlag nicht etwa als das Produkt eines einzelnen Kopfes anzusehen — es ist das Resultat der allgemeinen Verhältnisse und Anschauungen, das F a k t u m s e i n e r Z e i t.

Die begeisterte Vergötterung der Humanisten und ihrer Studien hatte im Laufe der Jahrhunderte eine bedeutende Abkühlung erfahren, da man denn doch allmählich einsehen lernte, dass man die Verdienste solcher rein theoretischen Errungenschaften zu hoch geschraubt hatte, was nothwendigerweise zu einer Reaktion führen musste, die aufs kräftigste durch die Richtungsveränderungen des 18. Jahrhunderts unterstützt wurden. Männern wie einem V o l t a i r, dessen letzte Frage bei Allem war: „Zu welchem Zweck?", konnte das Formelngeklügel und Aufgraben erstarrter, veralteter Doktrinen nicht befriedigen; mit eigenen Kräften, aus sich selbst heraus wollten sie die Principien holen, die ihre Welt und ihre Ziele fixiren sollten, und so setzte man den humanistischen Studien das Studium der Natur und ihrer Kräfte entgegen; eine r e a l i s t i s c h e B i l d u n g s w e i s e begann die tiefstgewurzelten Zustände zu erschüttern. Jetzt fing man zum ersten Male an, die Natur mit des Menschen Schaffen und Mühen zu vergleichen, in den Zusammenhang zwischen beiden allmählich Klärung zu bringen, und was bisher höchstens Ahnung war, wurde zur Ueberzeugung und Gewissheit herausgebildet. Ein wissenschaftlicher Geist durchweht die Gewerbe, der todte Empirismus wird tief untergraben und ein

---

[1] 1710 ward das Brauhaus zu St. Marx errichtet; 1732 standen in Schwechat schon drei Brauhäuser.

bewusstes Verständniss greift täglich mehr Platz; der bisher herrschenden Abstraktion und Spekulation gewinnt die exakte Beobachtung immer mehr Boden ab, deren Zersplitterung man durch strenge Systematik vorzubeugen weiss. Den ersten Anstoss zu dieser Vereinigung von Chemie und Technik gab, wie bekannt, Lavoisier durch seine Untersuchungen über den Werth verschiedener Brennmaterialien in Bezug auf die Hitze; besonders aber war es die Elementaranalyse (Liebig etc.), die so epochemachend gerade auch in die Bierbrauerei eingriff.

Aus diesen Daten lassen sich die Grundmerkmale der neuen Epoche unserer Specialtechnik von selbst ableiten. In erster Linie ist es das freie Wirken des Individuums im Gegensatz zu dem in die Schranken der Tradition eingezwängten Zunftbetriebe früherer Jahrhunderte; nicht als ob der moderne Mensch nach seinem Dafürhalten sich seine eigene Methode, sein eigenes Feld nun erfände und die Arbeiten vergangener Zeiten völlig über Bord würfe, sondern das selbständige Schaffen des Einzelnen basirend auf den von der Wissenschaft gebotenen Resultaten ist es, was die Thätigkeit unserer Zeit von der unserer Vorwelt unterscheidet. Daran reiht sich als zweiter Merkstein der Fortschritt, welchen das moderne Schaffen schon begrifflich in sich schliesst und der dem Zunftmenschen des Mittelalters wie der Renaissance, welcher nach dem ihm von seinem Lehrmeister andocirten Kanon schablonirte, implicite unbekannt sein musste. Seine Thätigkeit, dem ganzen Wesen des Zünftlers entsprechend, war ein gemüthliches und fleissiges Reproduciren des Althergebrachten mit den überlieferten technischen Mitteln, das zwar, wenn einmal dem Einen oder Andern ein neuer Vortheil sich in die Hände gespielt hatte, denselben nicht spröde abwies, sondern dem geläufigen Schema einfügte, aber es zugleich auch dabei bewenden liess. Dass hierin nicht eine Analogie zu dem zu suchen sei, was man heutzutage mit Aneignung wissenschaftlicher Resultate bezeichnet, wird wohl sofort in die Augen springen, wenn man erwägt, dass einem solchen Verfahren gerade das erste Erforderniss des genannten Begriffes, das bewusste, beabsichtigte Suchen fehlt.

Erst als die Geschichte die Fesseln des starren Kanons zerriss, die Schranken zünftlerischer Beengtheit zerschlug, die Forschung ihre Lehrstühle errichtete, an Stelle der Innung der freie Verband der Wissenschaftsmänner trat und in höchster Potenz endlich sich Theorie und Praxis die Hand reichten, um aus dem zu Tage Geförderten die letzten Konsequenzen zu ziehen, — da war der Moment gekommen, von dem ab man von Fortschritt, von einer freien Zymotechnik reden konnte.

Es ist, als ob die Geister so lange geschlummert, um mit einem Schlage in nie geahnter Thätigkeit zu erstehen; hier treffen wir einmal auf die seltene Thatsache, dass sich der Umschwung beinahe urplötzlich vollzieht: kaum dass es zu kochen begonnen, schleudert Balling seine Attenuationslehre mitten in die Gährung, Dreher und Sedlmayer bereisen das Ausland, Kaiser sammelt aus allen Gauen Schüler um seinen Lehrstuhl, Otto schreibt seine Lehrbücher, Habich seine beissenden Kritiken; Laboratorien wachsen aus dem Boden, Entdeckung und Erfindung drängen sich in bunter Menge, Journale werden gegründet, Schulen eröffnet, wissenschaftliche Stationen treten ins Leben, Ausstellungen und Vereine bilden sich — und das alles in der Spanne eines halben Jahrhunderts! Zu dieser mehr aktiven Seite treten sodam die thatsächlichen Erscheinungen, wie wir sie im Eroberungszuge des bayerischen Bieres über den Kontinent und darüber hinaus, im Aufblühen der österreichischen Bierbrauerei, in dem Emporarbeiten der amerikanischen Biermacht, der entsprechenden Steigerung des Konsums, dem kolossalen Verkehr in allen Richtungen der Windrose erblicken. In diesem Zusammenwirken zwischen Theorie und Praxis, in einem solchen Entsprechen von Bemühung und Erfolg liegt aber nicht nur die Kennzeichnung der neuen Epoche, sondern auch zugleich die Berechtigung seiner Bezeichnung als Zeitalter der Zymotechnik.

Wir selbst stehen noch mitten in den gährenden und sich läuternden Elementen. Manches ist geklärt, manches liegt noch im Trüben, und es können daher bei der Unvollkommenheit des Ueberblicks nur mehr annähernd die Konturen des Ganzen gezeichnet werden,

Die moderne Entwicklung.

Vor Allem ist zu konstatiren, dass die Wurzeln der neuen Epoche auf deutschem Boden haften; denn wenn auch England mit seiner Ale- und Porterfabrikation schon im vorigen Jahrhundert bedeutende Dimensionen angenommen, so sind diese Erscheinungen keine specifisch modernen in unserem Sinne, sondern vielmehr nur quantitative Erweiterungen einer zum Theil uralten Tradition. Es ist bereits angedeutet worden, wie Ende vorigen, Anfang dieses Jahrhunderts die Bierverhältnisse im Argen lagen. England ausgenommen konnte von der volkswirthschaftlichen Bedeutung des Getränkes nicht viel gesprochen werden, und in Strichen, wo vor mehr als 1¹/₂ Jahrtausend das Bier eine fast ausschliessende Rolle spielte, fristete es ein nur bescheidenes, oft bespötteltes Dasein. In Deutschland, das man lange für die Heimat des Gerstensaftes angesehen, schwang Bacchus unter dem Schutze des französischen Zopfes, wie zur Zeit der römischen Kolonien, unangefochten sein Scepter; deutsche Sänger (z. B. die Anakreontiker) begeisterten sich in seinem Lobe, und selbst an Orten uralter Biertradition (z. B. in München) hatte man trotz des alten Bierstolzes verlernt der Väter Trank zu brauen und musste sich solchen von auswärts holen[1]). — Damit war aber auch die tiefste Tiefe unseres Gewerbes erreicht.

Die ersten Ansätze des modernen Aufschwungs lassen sich bis ins vorige Jahrhundert zurück verfolgen, wo bereits eine nicht unbedeutende Anzahl von Gelehrten der Neuzeit den Weg bahnte. An der Spitze steht Richardson, der Erfinder des Saccharometers (1784), welcher in seinen „Vorschlägen zu neuen Vortheilen beim Bierbrauen" 1788 (deutsch von Wittekop; Berlin und Stettin) der erste Theoretiker war, welcher sich direkt an die Praxis mit den Resultaten seiner Forschungen wandte. Sein Saccharometer erfuhr bald verschiedene Verbesserungen durch Baverstock, Dring, Long, Allan, Bate, und 1813 konstruirte ein Deutscher, Hermbstädt, ein solches, dem in den 20er Jahren Stoppani in Leipzig mit seiner Bierwage folgte. Auch Hermbstädt hatte bei seinen analytischen Arbeiten die Ueberzeugung gewonnen, dass eine theoretische Grundlage unbedingtes Erforderniss für rationellen Betrieb sei, und solche in der Folge in seiner Schrift „Chemische Grundsätze der Kunst, Bier zu brauen" 1819 zum Ausdruck gebracht. Eingehender noch als diese hatte der unermüdliche Paupie die theoretische Seite der Bierbrauerei erfasst, und seine Werke „Die Kunst des Bierbrauens" 1794, „Versuche einer Grundlehre der Bierbrauerei in katechetischer Form" 1797 haben noch heute mehr denn rein historischen Werth.

Die Entwicklung war bereits über die Erstlingskeime hinaus; da und dort begann sich Interesse nicht nur unter Chemikern und Theoretikern, sondern auch unter den intelligenteren Praktikern (Paupie) zu regen, als die napoleonischen Kriege eine Wüste durch die Geschichte der Wissenschaft legten, in welcher Oede und Leere mit Todesstille wechselten, auch nachdem längst der letzte Kanonendampf verraucht war. Was so hoffnungsvoll sich zu entfalten begonnen, das hatten die Schlachtenjahre von 1813 und 1815 vernichtet. Die Aufmerksamkeit der Forscher wandte sich anderen Objekten zu und das ganze Gewerbe sank wieder auf den Status quo zurück.

Endlich sollte die Polizei — o Ironie der Geschichte — das Verdienst an sich reissen, die zertretenen Keime wieder emporzurichten. Fälschung und Pantscherei, die damals mehr in Flor waren denn heutzutage [2]), liessen es der allfürsorglichen Polizei zeitgemäss erscheinen, Mittel und Wege zu suchen, um der Stoffverfälschung resp. Verderbung stets auf der Ferse sein zu können. Der Fiskus gewann ebenfalls die Ueberzeugung, dass der Gerstensaft ein der Menschheit, somit auch dem Staatssäckel sehr nützliches Getränke sei, und so kam es, dass auch das eingeschlummerte Interesse der Forschung und Theorie von Staatswegen wiederum auf das Getränke hingeleitet wurde. Auf diese Weise entstanden zunächst die genauen Alkohol-

---

[1]) Vergl. Chr. Müller „München" 1816..
[2]) Vergl. Dingler's polyt. Journal 1836 Bd. 62 S. 302.

tabellen von Gilpin, Tralles, Gay-Lussac (1824) und Baumhauer. Die Behörden ver-
anlassten Bieruntersuchungen, und so entstand die aräometrische Probe von Zierl (1833), die
hullymetrische von Fuchs (1835), die optische von Steinheil und die saccharometrische von
Balling (1844). Die Verdienste des Letzteren sind lange überschätzt worden. Man war nicht
abgeneigt, Balling (1805—1868) geradezu als den Altvater der Zymotechnik zu bezeichnen,
und wenn auch die Fortschritte in diesem Gebiete [1]), welche durch Balling's Attenuationslehre
angebahnt wurden, immerhin bedeutend sein mögen, so wirft diese doch auf ihren Verfasser ein
getrübtes Licht. Wie Balling mit der Herstellung seiner Extrakttabelle zu Werke ging, hat
Reischauer nachgewiesen. Die Attenuationslehre ist dem Engländer Richardson entlehnt,
ohne dass Balling dessen Erwähnung thut. Sein Verdienst ist nur, dass er die in Beispielen
angegebenen Berechnungen in mathematische Formeln brachte (nach Anderen sogar bringen
liess!), und wenn auch ein Verdienst, das lange für ausschliesslich deutsch galt, uns dadurch
verloren geht, so verlangt die Wahrheit doch die Konstatirung dieser Thatsache. Es ist wohl
sicher anzunehmen, dass Balling's Renommée nie zu einem so immensen sich gesteigert haben
würde, hätte nicht das österreichische Finanzministerium gerade sein Saccharometer zu accep-
tiren sich veranlasst gesehen. Ungeachtet dessen aber, dass Balling die Originalität nach
dieser Seite hin abzustreiten ist, wird er dennoch nie das Prädikat eines äussérst verdienst-
vollen Gelehrten verlieren, wie er dies auch durch seine Publikationen „Die Gährungschemie"
1844—47 in 4 Bänden, „Verhältnisse der landwirthschaftlichen Nebengewerbe" 1848, „Anleitung
zum Gebrauch des Saccharometers" 1855 und viele andere [2]) in Zeitschriften und Fachblättern,
welche er als Professor am polytechnischen Landesinstitut zu Prag schrieb, an den Tag gelegt
hat. Interessant ist, dass beinahe zu gleicher Zeit Kaiser in München ein Procent-Saccharo-
meter konstruirte.

Bei diesen Arbeiten mussten die Gelehrten mehr und mehr die Ueberzeugung gewinnen,
dass nicht bloss die Polizei Untersuchungen nöthig hat, sondern dass solche auch der Wissenschaft und Technik Dienste leisten — ein Umweg, der wohl, wenn die napoleonischen Kriegs-
adler in ihren Depots geblieben, sicher nicht von Nöthen gewesen. Um ein sicheres Urtheil
zu erhalten, waren die Analytiker gezwungen, das Wesen des Brauens kennen zu lernen und
sich in dem dampfenden Brauhause selbst von dem Verfahren eine Anschauung zu verschaffen.
Dieses Studium aber gab seinerseits wiederum Veranlassung zu Publikationen [3]), welche den
Gewerbemann dem Theoretiker immer mehr näher bringen musste. Während diese Revolution
auf dem litterarischen Boden sich vorbereitete — es war Ende der 20er Jahre —, da thaten
sich drei junge, energie- und plänevolle Männer zusammen und brachen gen Westen auf, um
in ausserdeutschen Landen Belehrung und Kenntnisse zu sammeln: Dreher aus Wien,
Meindl aus Braunau, Sedlmayer aus München. Sie wandten sich nach London. Meindl
wurde noch auf der Reise zurückgerufen, die beiden Andern verweilten mehrere Monate in der
Themsestadt und studirten aufs eifrigste das englische Brauverfahren. Dreher besuchte sodann
Schottland, während Sedlmayer sich nach Frankreich wandte. Nach seiner Rückkehr über
München begann Dreher die Brauerei in Schwechat. Durch Annahme des bayerischen Brau-
verfahrens und der englischen Mälzereimethode legte er den Grund zu seinen späteren Riesen-
erfolgen. Im ersten Jahre sott er 6000 österr. Eimer ein und verzapfte sie wider sein Erwarten.
Verwundert schrieb er an Meindl: „Denke Dir, ich habe 6000 Eimer eingesotten und verbraucht."

Sedlmayer, welcher aus England das bis dahin den bayerischen Gelehrten wie Brauern
unbekannte Saccharometer mitbrachte [4]), begann in München erst seine Brauerei in der

---

[1]) Vergl. Holzner's Attenuationslehre.
[2]) z. B. „Ueber die wichtigsten Gegenstände des Eisenhüttenwesens" 1829, „Eisenerzeugung in
Böhmen" 1849 etc.
[3]) z. B. Zierl, Kunst- und Gewerbeblatt 1833 S. 789—828 etc.
[4]) Noch heute bedienen sich die Hrn. Sedlmayer und einige andere Münchener Brauereien englischer Instrumente.

Neuhausergasse zu erweitern und seinen späteren Grossbetrieb vorzubereiten. Dass ihm dabei einerseits der alte, aus der ersten Blütezeit her datirende Ruf des Münchener Bieres, das selbst in der grössten Verfallzeit nicht ganz in Vergessenheit gesunken war, sowie andererseits negativ die unzähligen aber unfähigen Kleinbetriebe der Isarstadt zu gute kamen, wird nicht zu leugnen sein. Ganz Deutschland war damals von diesen Winkelbrauereien überschwemmt; es war etwas Unerhörtes, Tausende von Eimern einzusieden. Man huldigt fast noch allgemein der von Grässe verbreiteten Ansicht, als ob Mannheim und Erlangen das Verdienst gebühre, als die ersten Städte das Lagerbier auf eigene Art gebraut und die Beliebtheit des bayerischen Bieres angebahnt zu haben. Es ist jedoch dieses Verdienst entschieden auf ein sekundäres herabzuschwächen. Denn neben den staatlichen Verordnungen, welche nur die in Bayern längst gang und gäbe Anwendung von ausschliesslich Hopfen und Malz betonen, repräsentirt München an erster Stelle mit seiner sorgfältig gepflegten Untergährung den modernen Aufschwung, und Mannheim und Erlangen machten sich mehr dadurch verdient, dass sie die in München durchdringende Braumethode acceptirend durch ihren bedeutenden Export (erstlich nach Süddeutschland) und die dadurch hervorgerufene Nachahmung in den bald zu Renommée gelangenden süddeutschen Bierstädten, wo in Kurzem die Lokalbiere aus dem Felde geschlagen waren, für diese Methode nach aussen Propaganda machten, während München erst in zweiter Linie auf den Export bedacht war. Es ist ein bekanntes Kuriosum, dass trotz des immensen Rufes, welchen München bei allen deutschen Bierkennern geniesst, dennoch der Schwerpunkt in der bayerischen Residenzstadt von jeher auf dem städtischen Konsum lag. Aber neben den eben angedeuteten Exportstädten sorgten die zahlreichen Ausländer, welche in München zusammenströmten, um die bayerische Braukunst zu erlernen, hinlänglich dafür, dass die neue Methode nach allen Richtungen hinausgetragen und in den entlegensten Provinzen das vielgerühmte bayerische Bier dem Konsum übergeben wurde. Die bayerischen Biere charakterisiren sich hauptsächlich dadurch, dass dass erzeugte Malz einer möglichst hohen Darrtemperatur ausgesetzt wird, wodurch es so zu sagen einem Reschprocess unterliegt. Die hieraus erzeugten Biere zeigen bekanntlich einen geringeren Vergährungsgrad als die lichten und zeichnen sich in Folge dessen durch einen höheren (wirklichen) Extraktgehalt aus, wodurch die Biere süffiger werden und einen gewissen Grad von Vollmundigkeit erhalten.

So reicht München die Hand hinüber in die erste Blütezeit der Renaissance und hält den Faden fest, der allerorts abgerissen und verloren gegangen war, und dies ist das Hauptverdienst der bayerischen Bierstadt. Wie sich die internen Bierverhältnisse Münchens rasch entwickelten, Sedlmayer's Etablissement sowie das des Löwenbräu's auf dem Marsfelde emporblühte, die Kleinbetriebe bald ganz verschwanden, gehört der Lokalgeschichte an; nur der Anstoss ist von perpetuellem Werthe für die allgemeine Geschichte der Zymotechnik. Unter den fremden Brauern, welche in Bayern in die Schule gingen, waren es neben Norddeutschen besonders Oesterreicher, welche sich mit aller Energie auf die neue Erscheinung warfen und nach bayerischem Muster ihre Brauereien einrichteten. Bayern hatte beinahe seinen Kulminationspunkt erreicht, als man plötzlich in den 50er Jahren eine neue Bierspecies nennen und rühmen hörte: das Wiener Bier. Der Grundunterschied dieses Bieres vom bayerischen liegt darin, dass die bayerischen Biere viel dunkleres d. h. höher abgedarrtes Malz verwenden und jene viel lichter erscheinen als diese. Anton Dreher (1810—1863), der ebenbürtige Genosse Sedlmayer's, hatte seit seinem ersten Versuche rastlos thätig in seiner Brauerei in Schwechat fortgewirkt, analog Sedlmayer die österreichische Hauptstadt in den Bann seiner Biermacht zu legen gewusst und durch seinen kolossalen Export nach allen Welttheilen (wörtlich zu nehmen) das Wiener Bier als würdigen Rival neben das bayerische gestellt. Mit der Pariser Weltausstellung 1867 war die Ueberlegenheit des Wiener Bieres im Auslande entschieden. Die österreichischen Provinzen hatten sich an die Bereitungsweise ihrer Hauptstadt rasch angeschlossen und deren Verfahren mitunter noch potensirt (das böhmische Bier ist noch lichter und leichter, aber etwas stärker gehopft). Heutzutage ist Dreher's Sohn der erste Bierproducent des Kontinents.

Im Vergleich mit diesen beiden Biermächten ist das Aufraffen Norddeutschlands ein verspätetes zu nennen, und wenn es sich auch in neuester Zeit durch seine planmässigen Einrichtungen neuer Grossbrauereien auszeichnet und sich mehr und mehr zur Darstellung der lichten österreichischen Biere hinneigt, so ist doch bei der relativen Neuheit der Sache ein provisorischer Schlusspunkt für die Beurtheilung noch nicht gegeben. Amerika, auf welches später noch zurückzukommen sein wird, bietet die interessante Erscheinung, dass dort Tradition und Gegenwart im friedlichsten Nebeneinander arbeiten; denn während einerseits die altenglische Obergährung, welche ausschliesslich von Engländern angewandt wird, sich in amerikanischen Brauereien behauptet, haben die Deutschen daselbst mit Anschluss an den modernen Aufschwung in der Heimat die bayerische Untergährung durchgeführt, eine Scheidung, die nicht bloss in der Braumethode, sondern selbst bis in die Sprache der dortigen Fachjournale hinein sich geltend macht. Damit sind wir aber der naturgemässen Entwicklung bereits um Decennien vorangeeilt.

Sedlmayer, der verdienstvolle Autodidakt, gelangte rasch zu Namen und Ansehen. Er war Rathgeber an höchster Stelle und die Zahl der lernbegierigen Zöglinge, welche sich um ihn sammelten, wuchs von Jahr zu Jahr. Die wissenschaftlichen Arbeiten der Analyse und Theorie hatte er stets im Auge behalten, und was Jordan in seiner „Anweisung zum kunstgemässen Brauen des Weissbieres" und ein Vierteljahrhundert später Servière, welcher über den Rückschritt der deutschen Bierbrauereien und die Nothwendigkeit einer Brauerschule auf Staatskosten geschrieben, ausgesprochen hatten, war auch bei ihm zur Vollüberzeugung herangereift. Selbst Rathschläge allwärts ertheilend und Vorträge haltend, war er doch durch die Leitung seines schnell sich vergrössernden Etablissements zu sehr mit Arbeit überhäuft, um dem anwachsenden Schülerkreis genügen zu können. Da fand er in Kaiser den Mann, welcher, den Forderungen der Zeit gewachsen, sich bereit erklärte, 1836 seine in der Folge so berühmt gewordenen Brauerkurse ins Leben zu rufen. Das Wesen derselben bestand in Bieruntersuchungen, welche die Schüler (Hospitanten der polytechnischen Schule) unter seiner Leitung anstellten. Man zählt die Zahl seiner Zuhörer über tausend (755 Deutsche, 250 Ausländer). Daneben sind die Arbeiten seiner Feder nicht zu vergessen; so schrieb er „Geschichtliche Uebersicht der Bierproben" 1835, „Ueber bayerische und ausländische Biere" 1839, „Ueber Fehler, welche bei Bieruntersuchungen gemacht werden können" 1845, „Beiträge zur richtigen Kenntniss der Biere" 1846, „Ueber den Erfolg der wissenschaftlichen Behandlung der Bierbrauerei" 1854, „Ueber das Keimen der Gerste" 1859, „Ueber den Fettgehalt der Gerste" 1863. Etwas weiter ging schon Dr. Knobloch in Schleissheim (Herbst 1848)[1], später (von 1852 an) in Weihenstephan, wo sogar eine kleine Versuchsbrauerei eingerichtet wurde. Wenn auch die Schüler Eleven der Landwirthschaftsschule waren, so erhielten doch die Technologen unter ihnen besondere Anweisung in der Praxis und in Beobachtungen. Im Jahresberichte der landwirthschaftlichen Centralschule Weihenstephan 1853/54 S. 38 werden Beobachtungen über den Gährverlauf und Bieranalysen mitgetheilt, welche die Studirenden Geyer, Bayerlein, Buttmann, Köhler, Müller, Eser und Enderis ausführten. So blieb die Sache bis 1865. In Worms, wo 1860 eine Schule eröffnet worden war (es ist dieselbe, welche 1872 zur Akademie unter Direktor Schneider avancirte), war es höchst wahrscheinlich nicht anders (vor 1865). Die Sommervorträge Habich's (1862), dieses populärsten aller zymologischen Litteraten, welcher schon Ende der 50er Jahre (1859) über die Nothwendigkeit einer Brauerschule gedonnert hatte, scheiterten an glänzender Theilnahmslosigkeit. 1863 trat auf Betreiben des Journal des Brasseurs zu Villeneuve-Saint-Georges bei Paris eine Brauakademie ins Leben, und 1865 errichtete sodann Lehmann in Worms eine Schule ausschliesslich für Brauer. In täglich vier Stunden wurden docirt: Allgemeine Chemie, Gährungslehre, Rohmaterialien, Mathematik. Zu ganz gleicher Zeit wurde der

---

[1] Ueber die Einrichtung in Schleissheim siehe Jahresbericht der Anstalt 1849.

Unterricht in Weihenstephan für die Technologen gesondert begonnen. Es wurde Chemie und Technologie, Baukunde und Mathematik docirt, und grosses Gewicht noch auf die Uebungen in der Brauerei gelegt. Aber schon im nächsten Jahre (1866/67) traten diese zurück. Dafür umfasste der theoretische Unterricht: Volkswirthschaft, Buchführung, Chemie, Gährungsgewerbe, Baukunde, Mathematik, Gersten- und Hopfenbau, Verwerthung der Brauereiabfälle, Uebungen im Gebrauche des Mikroskopes und der Polarisationsapparate, Uebungen in der chemischen Analyse, technologisches Praktikum. Im Jahre 1867/68 gesellten sich zu den genannten Disciplinen Physik, allgemeine Botanik und Attenuationslehre; im Jahre 1868/69 noch Maschinenkunde, und Zeichnen; im Jahre 1873/74 Wechsellehre etc. In dem Masse als Weihenstephan voranging, folgten die andern Brauerschulen, und es ist der ersteren durch die Bemühungen der bedeutendsten Männer unseres Faches (Lintner, Holzner) gelungen, sich das Primat unter den Akademien dieser Species in Deutschland anzueignen, wie sie sich denn auch durch die Neubauten von 1876 (Sudhaus mit Kühlhaus, Maschinengebäude, Darre) äusserlich als solches zu emancipiren verstanden. Eng an Weihenstephan reiht sich die erste österreichische Brauerschule in Mödling (eröffnet im April 1870; Direktor v. Gohren) an, und das Lehrprogramm ist ein dem Weihenstephaner sehr analoges. Dasselbe erstrekt sich auf folgende Fächer: Deutsche Sprache (2 Wochenstunden im Winter, 2 im Sommer); Arithmetik (3, 2); anorganische und organische Chemie (3); Physik (2, 2); Dampfmaschinenlehre (2); Gersten- und Hopfenbau (2); Volkswirthschaftslehre (2); Brauereikunde und Einrichtungslehre (6); Organisations- und Administrationslehre (3); Geschichte, Statistik der Brauerei und Lehre von den Steuern (1); Spiritusfabrikation, Hefefabrikation und Verwerthung der Brauereiabfälle (2); Gährungslehre und Saccharometrie (2); Buchführung (2) und endlich Baukunde (2). Die Peripherie dieses vorzüglichen Lehrplanes ist anscheinend etwas weit gezogen, aber gerade durch diese Vielseitigkeit wird es allein möglich, eine Festigkeit in allen Details anzubahnen. Bei aller Fachdressur behält der Eleve den Blick übers Ganze stets offen, wobei besonders Geschichte und Statistik fördernd eingreifen. Doch möchten wir bei dieser Gelegenheit die Frage uns nicht entgehen lassen, ob bei solch bedeutenden Anforderungen die usuell gewordene Spanne Zeit von zwei Semestern wirklich ihre Aufgabe zu erschöpfen vermag? Thatsache wenigstens ist, dass wenige Leiter der hochrenommirten Brauereien, die wir zu nennen übergehen, sich mit nur zwei Semestern abfinden liessen, sondern eine polytechnische Vorbildung bereits auf die Akademie mitbrachten.

Sehr verdient ist auch die bekannte Augsburger Schule unter Direktor Karl Michel (1870), welche in neuerer Zeit in der Leyser's eine Konkurrenz erhalten hat. Böhmen besitzt seit 1866 an der höheren landwirthschaftlichen Landeslehranstalt zu Teschen-Liebwerd ein Departement für Bierbrauer. Andere Schulen finden sich in Prag, Ludwigshafen, Hohenheim, Berlin[1] (Johannesson) etc. Von der französischen Schule zu Balan-Sedan konnte Näheres nicht erfahren werden. Amerika agirt seit 1871 sehr lebhaft für die Gründung einer Brauerschule (Schwarz), ein Thema, das auch 1876 wiederum auf dem Weltausstellungskongress zu Philadelphia zur Sprache kam; doch ist eine Einigung bis jetzt noch nicht erzielt worden.

Dass durch diese Errungenschaft die Zymotechnik in eine neue Phase trat, ist selbst dem Laien verständlich. Früher schickte man den Jungen, wollte er Brauer werden, einfach in eine Brauerei, liess ihn wacker Fässer bürsten, Säcke tragen, um ihn durch diese schweisserpressende Einleitung auf die Mysterien der Biererzeugung entsprechend vorzubereiten. Nicht als ob heutzutage für den angehenden Braumeister dieser Pickedienst wegfiele und man ihn sofort mit Glacéhandschuhen und Lackstiefeln in den Hörsaal schickte — mitnichten, denn ein Braumeister, der nicht in der Schule der Praxis grossgezogen worden wäre, müsste eine sehr einseitige Erscheinung sein —, allein man sucht in unserer Zeit nicht mehr so rein

---

[1] Diese Schule existirt nicht mehr.   D. Red.

mechanisch, ohne jedes System und Bewusstsein den Brauzögling heranzudrillen. Schritt für Schritt, dem natürlichen Gang der Sache völlig entsprechend, allseitig und überzeugend, den inneren Zusammenhang der Processe hauptsächlich betonend, streben die leitenden Männer solcher Anstalten den Eleven in seine Kunst einzuführen, eine Methode, welche der Brauerwelt des 18. Jahrhunderts völlig unbekannt war, und dies allein schon würde genügen, eine Wendung in der Entwicklung der Geschichte zu bedingen.

Neben diesem pädagogischen Wirken waren die Federn der Gelehrten nicht müssig gewesen; nicht nur dass Otto in Braunschweig durch seine Lehrbücher „der Chemie" und „der rationellen Praxis der landwirthschaftlichen Gewerbe", desgleichen Heiss („Die Bierbrauerei") und Andere solchen, welche eine Akademie zu besuchen nicht im Stande waren, eine litterarische Vermittlung boten, sondern auch für die reifen Männer der Praxis sollte ein Institut geschaffen werden, welches nicht nur jeden Fortschritt signalisiren, jeden Angriff abwehren, sondern auch durch seine Organe unter der Brauerwelt das Gefühl der Zusammengehörigkeit wachhalten und gemeinsame Schritte vorbereiten und unterstützen sollte — die Fachjournalistik.   Die Embryonen derselben finden sich im bayer. Kunst- und Gewerbeblatt, Erdmann's Journal für praktische Chemie, Dingler's polytechnischen Journal und anderen allgemeineren Fachblättern niedergelegt zu einer Zeit, wo eine selbständige Specialzeitschrift noch lebensunfähig als verfrüht hätte zu Grunde gehen müssen.   Der Erste, der es wagte, hierin auf deutschem Boden thatsächlich vorzugehen, ist Habich, ein Mann, dessen Biographie eine äusserst dankbare Aufgabe für den Detailforscher ergäbe.   Geboren zu Veckerhagen, gestorben zu Wiesbaden (1869), gründete er unter Anderem auch eine deutsche Bierbrauerei in Massachussetts, schrieb ein „Taschenbuch der Chemie des Bieres" und wurde durch seine „Schule der Bierbrauerei" allgemeiner bekannt.   Endlich 1859 rief er die Fachschrift „Der Bierbrauer" ins Leben (jetzt von Schneider redigirt), in welchem er mit klarem Blick und seltener Energie die Tendenzen der Zymotechnik den Zeitgenossen predigte.   Wenn auch hie und da noch Heimlichkeitskrämerei durchschlich, so lag es eben in seiner Zeit und den Verhältnissen des sonst so verdienten Mannes.   Sein Hauptcharakteristikum ist die treffliche Handhabung der Kritik, wodurch er ausserordentlichen Einfluss namentlich auf die praktische Brauerwelt ausübte.   Mit unnachahmlichem Humor, untermischt mit der beissendsten Ironie, wusste er die Zustände seiner Zeit zu verfolgen und blosszulegen [1]), und mancher Schwankende mag ihm den Uebertritt ins Lager der wissenschaftlichen Praxis verdanken.   Seine Glanzzeit fällt in die 60er Jahre.

---

[1]) Zur Illustration des Gesagten kopiren wir einen Artikel aus seinem „Bierbrauer" Jhrg. 1865 Nr. 12:

Wieder ein Beitrag zum Raritäten-Kabinet.

Als der schwedische Naturforscher Linné vor fast hundert Jahren „all' sündhaft Vieh und Menschenkind" in seine naturhistorische Repositur einschachtelte und jedem Gefach seine Firma gab, da schrieb er über die eine Hütte „Homo sapiens" d. h. „der weise oder verständige Mensch".   Unter diesem Ehrentitel, hat er wahrscheinlich gedacht, würde man das Meisterstück der Schöpfung einführen müssen. Es dünkt uns aber, dass das sehr voreilig von dem Herrn war.   Denn abgesehen davon, dass die Weltgeschichte bis auf die neueste Zeit den Beweis liefert, wie wenig die Firma „Homo sapiens" eigentlich erst auf der Erde zur Geltung gekommen ist, — kreucht da doch gar so viel Geziefer herum, welches der alten Lehre von der Seelenwanderung zur Stütze dienen könnte, — bald guckt der Pferdefuss unten, bald das Langohr oben durch die Menschenhaut.   Glücklicherweise haben diese Masken in unseren Volksschulen wenigstens lesen und schreiben gelernt und durch letztere Kunst verrathen sie sich dann leicht, weil sie in der Regel — — auch die Tinte nicht halten können.   Ist es dann mit der Ehrenhaftigkeit der Gesinnung auch noch faul, so ergiessen sich die sogenannten Gedanken dieser After-Menschen in anonymen Angriffen.

Solch ein Geschreibsel ist uns mit den Poststempeln „St. Gallen" und „St. Fiden" aus der Schweiz zugegangen.   Wir theilen es unsern Lesern mit zur Ergötzung, und dem Producenten desselben mit dem wohlgemeinten Rathe, sich ja nicht wieder einfallen zu lassen, fortan in unsern Schriften zu blättern — und wenn's auch nur nach Disteln wäre.

1861 folgte sodann die „Allgemeine Hopfenzeitung" (Nürnberg, redigirt von J. Carl), seit neuerer Zeit officielles Organ des deutschen Brauerbundes, sowie des badischen, welche neben dem jüngeren Nürnberger Blatt, der „Hopfenlaube, Fach- und Handelszeitung für das deutsche Brauwesen" (seit 1875 von C. Homann, welcher jetzt das Feuilleton des „Nürnberger Korrespondenten redigirt) für Handel und besonders Statistik geradezu einzig dasteht. Fünf Jahre später (1866) trat Lintner mit seinem „Bayerischen Bierbrauer" auf, der sich in Kurzem durch Heranziehung der bedeutendsten Kräfte an die Spitze der gesammten periodischen Literatur zu stellen wusste und in Folge dessen gewiss mit Recht den leicht missszuverstehenden Provinzialtitel abwarf und sich als „Zeitschrift für das gesammte Brauwesen" inaugurirte. Chemisch - physiologische Arbeiten, Kritik und periodische Orientirung über den gesammten Fortschritt (Lintner in seiner Rundschau) sind die Haupttendenzen der bekannten Fachschrift. Sie ist für rein wissenschaftliche Forschung unentbehrlich. Im selben Jahre rief Fr. Ruschhaupt in New-York seine „Bierbrauerei" ins Leben. Wichtiger denn diese war für die amerikanische Brauerwelt die Gründung des vielgelesenen „Amerikanischen Bierbrauers" (von Schwarz redigirt), welcher von dem 1868 in Buffalo tagenden Brauerkongress als officielles Organ der Vereinigten-Staaten-Brauer-Association erklärt wurde und seitdem mit scharfer Feder die Interessen der republikanischen Brauer fixirt, daneben aber die europäische und pseciell die deutsche Sachlage getreu seiner Diktion nie aus dem Auge lässt. Fassbender's „Allgemeine Zeitschrift für Bierbrauerei und Malzfabrikation" (1873 gegründet in Wien) hat sich durch seinen absichtlich populär gehaltenen Stil und die eingehenden. Erörterungen jeder Tagesfrage, welche er mit feuilletonistischer Gewandtheit aufs Papier zu werfen weiss, im Fluge auch jenseits der österreichischen Grenzpfähle zu behaupten verstanden. Ausser den genannten Fachblättern beschäftigen sich mit Brauwesen die „Norddeutsche Brauerzeitung" (redigirt von Johannesson), die „Mittheilungen über das deutsche Hopfen- und Malzgeschäft" (seit 1869, Trier), „Gambrinus" (Wien), „Das Musterbrauhaus" (von Markl, Prag)[1]), „Der böhmische Bierbrauer" (Schmelzer, Prag), die „Schlesische Brauerzeitung" (Sitte, Sulau), die „Elsässische Hopfen- und Brauerzeitung" (Hagenau), „Der schwäbische Bierbrauer" (Achenbach, Waldsee), die „Saazer Hopfenzeitung" (Stallich), das „Saazer Hopfenjournal" (Wurm), die „Nürnberger Hopfenzeitung" (J. Böhm), die „Neutomischeler Hopfenzeitung" (Richter). Wie sich die zwei für 1878 projektirten böhmischen Blätter „Der Bierbrauer aus Böhmen" und „Cesky sladek" (czechisch, Redakteur J. Suck † 1878) bis dato entwickelt, konnte noch nicht ermittelt werden[2]). Von Journalen in französischer Sprache ist vor allen das „Journal des brasseurs" als das älteste zu nennen (1857 gegründet, Paris); hieran reihen sich

---

Die Kreatur lässt sich nämlich also vernehmen:

„Es wäre für Sie füglicher wenn Sie Ihre ausgezeichnete Pracis für sich behalten würden da mann doch jeden Gebrauch davon vergebens und bloss zum Schaden bis jetzt angewentet hat; und zudem habe ich im Bockkeller in Wiesbaden am 25. Decbr. 64 von lhrem ausgezeignetem Bock getrunken welchen der Wierth nach apzapfen des ersten Fässchens zugeschlagen und an die löblichen Actienbrauerei retur sande; haben daher Ihrer grossen Wissenschaft im Bierbereiten nicht so nothwendig denn ich habe schon vor Ihren Schriften ein weit besseres Bier zu Stande gebracht als ich aus der Aktienbrauerei in Wiesbaden im Winter 1864 getrunken habe

achtungsvoll

Ein Brauer welcher von Castel in die Schweitz ist und die Sache kundig und ohnediess ein ausgezeignetes Bier hat.

Oberbrauer."

Punktum! Zur Erläuterung nur die Bemerkung, dass in Wiesbaden gar kein „Bockkeller" existirt. War das Bier von der Aktienbrauerei — mit der wir übrigens in keinerlei Verbindung stehen — so wurde es in einer Restauration verzapft. Und das hätte der Bombardierkäfer in Castel (dicht bei Wiesbaden) doch wissen müssen.

[1]) Hat zu erscheinen aufgehört.   D. Red.
[2]) Der Bierbrauer aus Böhmen ist ein sehr gut redigirtes Fachblatt.   D. Red.

„Le Moniteur de la brasserie" (Laurent, Brüssel), „Le Brasseur" (Rahon, Sedan), „Echo de la brasserie" (Paris, seit 1867 redigirt von C. Nardon), „Revue des Bières" (Roux-Matignon, Brüssel), „Journal des brasseurs" (Puvrez-Bougeois, Lille), „Revue universelle de la Brasserie et de la Distillerie" etc. Unter den englischen Fachblättern haben sich hauptsächlcih bemerklich gemacht: „The Brewers Journal" (W. Lyon, London), „The German and American Brewers Journal" (seit 1876 in deutscher und englischer Sprache, Amerika), „The Western Brewer" (auch erst seit 1867 in Amerika, redigirt von Wing, unter ungünstigen Verhältnissen gegründet), „The American Brewers Gazette" (Flintoff, New-York) etc.

Wollte man die Arbeiten neuerer Fachgelehrten aufzählen, so verlöre man sich in eine endlose Zahl von Bibliographien; ebenso wird es erklärlich sein, wenn wir hervorragende Männer wie Aubry, Griessmayer, Lermer, Prandtl, Schultze, Thausing und viele Andere, die zum Theil so entscheidend auf den Gang der Entwicklung eingewirkt haben, übergehen, da einestheils ein Urtheil über Zeitgenossen der abgeschlossenen Geschichte überlassen werden muss und anderntheils wir weit entfernt sind, uns ein solches anzumassen. Nicht ganz uninteressant hingegen dürfte die Thatsache sein, dass selbst bei der so bedeutenden Höhe, welche die moderne Zymotechnik erreicht, immer noch Arbeiten mit gewissem dilettantischen Anflug, wie wir sie in früheren Epochen antrafen, nicht zu den Seltenheiten gehören und sich hier eine fast zähe traditionelle Thätigkeit erhalten hat. Wir nennen als Beispiele: Weinhold „Ueber die Wiederherstellung des alten Merseburger Bieres" 1816; Gast „De cerevisia" 1830; Gutmann „Diätetik für Biertrinker" 1842; Flüring „Bier ist Gift" 1845; Ställer „Bier ist kein Gift" 1845; „Das bayerische Bier, seine Heilkraft bei verschiedenen Krankheiten" 1852 u. s. w.

Solch litterarischer Bienenfleiss fand in den praktischen Arbeiten im Laboratorium, welche von den verschiedenen Gelehrten an polytechnischen und anderen Schulen, sowie in Privatlaboratorien geleitet wurden, sein würdiges Pendant. Dass für das Brauwesen hierin Reischauer (seit 1877 der Vergangenheit angehörend), dessen Verdienste „um die systematische Ausbildung der Untersuchungsmethoden des Malzes, der Würze etc. und Konstruktion neuer Apparate"[1]) sein ehemaliges Laboratorium (jetzt wissenschaftliche Versuchsstation) zu München so überzeugend veranschaulicht, die erste Stelle einnimmt, dürfte feststehen. Bedeutende Männer, wie Lermer, Prandtl etc. zählen zu seinen Schülern, und wenn auch der bescheidene Forscher persönlich wenig publicirte, so haben dennoch seine Bemühungen unverwischbare Spuren in der Geschichte der Zymologie hinterlassen. An seinen Namen knüpft sich die Geschichte der wissenschaftlichen Versuchsstationen.

Die wissenschaftliche Station ist ein specifisch modernes Phänomen, bedingt durch die Neuzeit. Während der Zymotechniker als konkreter Leiter und Beobachter einer Brauerei sich bethätigt und dazu die schon fertigen Errungenschaften benützt, sucht die Station mit mehr allgemeinerem Blick die Resultate eines weiteren Kreises zu prüfen und zusammenzufassen und zugleich die Verbreitung des durch die Wissenschaft Erreichten unter den Männern der Praxis anzubahnen und zu fördern. Man dürfte sonach wohl nicht mit Unrecht behaupten, dass in ersterem mehr die praktische, in letzterer mehr die theoretische Seite der Wissenschaft betont ist, wodurch sich die Station als der verkörperte Uebergang vom besonderen Einzelbetrieb zur abstrakten Wissenschaft und in dieser Stellung als ein wesentliches Glied des Ganzen darstellen würde. Dieß aber schliesst seinerseits wiederum in sich, dass die Existenz einer solchen vor rationeller Bearbeitung des Terrains nicht denkbar gewesen. Linter sagt hierüber so trefflich (auf dem dritten Brauertage): „Die wissenschaftlichen Stationen überhaupt sind ein Erzeugniss der exakten Beobachtungsmethode und konnten nur mit Ausbildung dieser zur Blüte gelangen, während sie der durch die moderne Auffassung verdrängten naturphilosophischen Richtung fremd waren, welche im Gegensatz mit der heute zur Herrschaft gelangten

---

[1]) wie sie Lintner zusammenfasst.

Schlussweise zu ihren Wahrheiten durch Abstraktion und Spekulation zu gelangen suchte. Diesem entgegengesetzt hat die exakte Behandlung der beobachtenden Wissenschaften eine feste Grundlage in der Erfahrung, und daher vermitteln die Stationen auch wesentlich den thatsächlich nicht existirenden, künstlich hervorgerufenen und täglich mehr verschwindenden Unterschied zwischen Theorie und Praxis. In solcher Weise sind daher auch die letzten Grundlagen der Stationen dieselben wie die der ernsthaften Praxis, und ihre Selbständigkeit im gewissen Sinne der Praxis gegenüber ist nur durch eine in der Natur der Sache bedingte Arbeitstheilung begründet. Dem ausübenden Industriellen fällt die Aufgabe der stofflichen Produktion und die eigentliche geschäftliche Seite seines Betriebes zu, und daher kann er sich der Aufgabe der Stationen nicht speciell widmen, welche darin besteht, die Wege und die Art und Weise, auf welche das Produkt erzeugt wird, abgesehen von der wirklichen Erzeugung, zu verfolgen und zu begründen."

Für Habich war die Geschichte der wissenschaftlichen Stationen ein Lieblingsthema, und wenn er den Erfolg seiner überzeugenden Worte auch nicht erleben sollte, so waren sie doch nicht fruchtlos verschwendet worden. Nachdem Reischauer durch systematisch ausgeführte Forschungen die Untersuchungsmethoden vervollkommnet und erweitert hatte, gestaltete er sein Laboratorium 1875 zu einer Versuchsstation um. Das Unternehmen wäre indess voraussichtlich wieder eingeschlafen, wenn nicht auf Lintner's Vorschlag von einem Konsortium einsichtsvoller Brauer je 24 000 Mark Jahreskosten auf dem dritten deutschen Brauertage (Frankfurt) gezeichnet worden wären [1].

Mit den Brauerschulen stehen jetzt meist ähnliche Laboratorien in Verbindung, doch tragen sie einen mehr sekundären Charakter [2]. Daneben finden sich auf landwirthschaftlichen Schulen landwirthschaftlich - chemische Versuchsstationen [3], die jedoch noch allgemeinere Tendenzen verfolgen. Bekannt ist das Karlsberg-Laboratorium, das der beispiellosen Opferwilligkeit Eines Mannes sein Dasein verdankt. 1875 von Jakobsen (mit einer Million Kronen) gegründet, kennzeichnet die Stiftungsurkunde seinen Zweck dahin, „durch fortgesetztes Studium zu einer möglichst vollständigen wissenschaftlichen Grundlage für die Mälzerei-, Brauerei und Gährungsoperationen zu entwickeln".

In einem nicht unähnlichen Verhältnisse stehen die Versuchsbrauereien, nur dass sich diese mehr mit zymotechnischen Fragen zu beschäftigen haben, welche durch Theorie und Analyse schwer oder nicht löslich, nur durch die Praxis beantwortet werden können. — Das gemeinschaftliche Princip aller dieser Institute aber ist die zweckbewusste Beobachtung auf wissenschaftlicher Basis.

Eine andere specifisch moderne Errungenschaft ist das Vereinswesen unseres Faches. Durchblättern wir die verstaubten Jahrgänge alter Fachschriften, so stossen wir auch hier wiederum auf einen Mann, der, wie bei so vielen Zeiterscheinungen, so auch hier die erste Hinweisung, den ersten Aufruf an seine Kollegen ergehen liess — Habich. 1858 schon war er es, der durch die deutschen Gaue die Einladung ergehen liess zu einer Brauerversammlung in Mainz. Doch mit der damals sprichwörtlichen bierversumpften Indifferenz las man die Ladung, legte sie bei Seite — und alles blieb beim Alten. Dies aber konnte einen Mann wie Habich nur um so mächtiger anspornen, seine ganze Energie einzusetzen für die Realisirung des ihm nun einmal unumstösslichen Projekts: Mündlich und schriftlich sehen wir ihn ein ganzes Decennium hindurch bemüht, Besucher und Abonnenten für seine Plane zu gewinnen und 10 volle Jahre nach dem ersten Aufruf die Freude erleben, dass seine Wünsche verwirklicht werden. Ein Jahr vorher noch (1867) hatte er vergeblich eine deutsche Brauerversammlung nach Chemnitz (bei Gelegenheit der dortigen Industrieausstellung) zusammenge-

---

[1] Dieselbe befindet sich in München, Amalienstrasse 75, unter der Direktion Aubry.
[2] z. B. in Weihenstephan unter Prof. Lintner; in Augsburg unter Direktor C. Michel etc.
[3] z. B. in Eldena Direktor William Rhode; Märcker in Halle.

rufen; erst 1868 (1. Juli) gelang es, eine solche zu Kaiserslautern zu Stande zu bringen, welche die Gründung eines deutschen Brauervereines, die Annahme von Habich's „Bierbrauer" als Organ und die Einberufung eines allgemeinen deutschen Brauertages 1869 nach Heidelberg beschliesst. Indessen starb Habich im folgenden Jahre und mit ihm die Seele des Ganzen, das Projekt verlor sich in den Sand, Habich's Redaktionsnachfolger Professor H. Fleck sah sich veranlasst, die Sache wiederum ab ovo zu beginnen und für das Jahr 1870 (27. Juli) einen allgemeinen deutschen Brauertag zu berufen. Doch sollte auch dies nicht über das Poblem hinauskommen, denn der Krieg hatte die Interessen in andere Kanäle geleitet, und nur Weihenstephan sah im August 1870 eine Versammlung, die aber wesentlich aus früheren Studirenden der Anstalt zusammengesetzt war. Erst 1871 am 27. Juli konnte Gabriel Sedlmayer als erster Präsident des ersten Brauertages die Tribüne der festlich geschmückten Tonhalle in Dresden besteigen und Dr. Fleck und dem Comité seinen Dank für die Bemühungen zu dem nun endlich erreichten Ziele aussprechen und die Konstitution des deutschen Brauerbundes mit Joh. Stein (Frankfurt) als dessen Präsident proklamiren -- ein denkwürdiger Tag in der deutschen Brauergeschichte.

Die Statuten bildete der Bund im Wesentlichen der deutschen Naturforschervereinigung mit entsprechenden Modifikationen nach und fasste seinen Zweck in „Berathung der gemeinschaftlichen, gewerblichen Interessen, Wahrung derselben, sowie Vervollkommnung und Hebung des Gewerbes selbst im Wege freier Diskussion nach dem Principe der Wandervereine" zusammen. Der Bund trat dann in eine regelmässige Entwicklung: 1875 tagte zu Leipzig der zweite, 1876 zu Frankfurt der dritte Brauertag, erkannte dort den „Schweizer Brauerbund" und den „Thüringer Brauerverein" als Zweigvereine an und hat nun, nachdem Stein gestorben, Moritz zurückgetreten, den äusserst energischen F. Henrich als Präsidenten an der Spitze mit dem officiellen Organ der Allgemeinen Hopfenzeitung.

Die riesigen Vortheile, die ein solches freies Societätsleben bietet, sind wohl kaum besonders hervorzuheben. Nicht in die vier Pfähle eines modernisirten Zunftkastens, in dem mit eifersüchtigem Konservatismus jeder Schnörkel der Tradition überwacht, jedes nicht sanktionirte Eingreifen verflucht ist, soll die Brauerwelt gepfercht werden, sondern in ein Bundesverhältniss, welches auf das Princip „viribus unitis" gegründet ist, tritt das Mitglied ein, um so unter dem Schutze einer über ein ganzes Sprachgebiet (deutsch) ausgedehnten Genossenschaft, welche nicht bloss die materiellen Interessen seiner Mitglieder wahrt, sondern auch die materiellen Vortheile derselben anzubahnen strebt, im Geiste der Zusammengehörigkeit sicher und frei arbeiten zu können. Welch planloses — man möchte fast sagen stupides — Gepräge der Partikularismus der früheren Zeit an den Tag legte, ist am besten ersichtlich, wenn man die Bemühungen weit blickender Männer, die ihrer Zeit stets um ein Viertelssäkulum voraus waren, verfolgt. Dem Epigonen freilich erscheint ein Zusammenhalten, ein gemeinsames Auftreten fast selbstverständlich, und doch zeigt die Geschichte, wie wenig „selbstverständlich" das Ganze entrollt wurde. Nicht im Hinweis allein, im Durchsetzen des als unumstösslich nothwendig Erkannten und Erfassten liegt das Verdienst solcher Agitatoren, das leider von dem ererbten Phlegma unserer Praxis bis jetzt noch gar nicht in seinen Reflexionskreis gezogen worden. Es wird sich wohl nicht leugnen lassen, dass die Ueberzeugung eines gemeinsamen Handelns bei Steuerbewegungen und Aehnlichem für die Mehrzahl ausschlaggebend zur Gründung des Bundes war; allein weiter denkenden Männern musste doch schon beim ersten Gerüchte von der Agitation der immense Vortheil, welcher aus einer solchen Zusammengehörigkeit für das totale Braugebiet entspringt, aufdämmern: jetzt musste es ja möglich scheinen, die fortwährenden Anfeindungen und Verdächtigungen, die Charlatanerie und Stupidität mit Erfolg zu bekämpfen, das Wohl und Gedeihen des Gesammten zu fördern und zu schützen, Volks- und Gewerbsinteressen nach einheitlicher Entschliessung zu vertreten, das organisatorische und instruktive Vorgehen in einer so allverbreiteten Industrie nicht bloss auf dem Papiere entworfen zu sehen und den obskuranten Partikularismus endlich in Scherben zu schlagen.

Das hatte der praktische Sinn des Amerikaners lange vor uns erfasst, und wenn auch der Kongress zu New-York 1862, welcher die Vereinigte-Staaten-Brauer-Association ins Leben rief, lediglich in Folge der damaligen neuen Steuergesetze zu Stande gekommen war, so wusste sich doch die Vereinigung in Kurzem von dieser financiellen auf eine universellere Basis emporzuringen, so dass nicht mit Unrecht von den Aposteln unseres Vereinswesens immer wieder auf diesen Musterbund der Braupraxis hingewiesen wurde und — wird. Von 34 Brauern[1]), unter dem Präsidium Lauer gegründet, feierte er im Juni 1878 seine 18. Jahresversammlung, und zu welcher Bedeutung sich derselbe unter seinen jeweiligen Leitern (Clausen seit 1866, Rueter seit 1875 Präsident, der alte treffliche Katzenmayer Sekretär) indessen heranzubilden wusste, dessen konnte jeder Centennial-Ausstellungsbesucher zu Philadelphia Zeuge sein, der dem 16. Brauerkongress — dessen Kosten nebenbei bemerkt nur 12000 Dollars betrugen — in der Männerchorhalle in Fairmount Avenue beiwohnte oder auch nur einen flüchtigen Gang durch die Brewers Hall auf dem Ausstellungsplatze machte. Schade nur, dass alle diese Brauertage, jenseits wie diesseits des Oceans, so leicht ihren ersten Zweck durch Festlichkeiten beinahe erdrücken. Doch das verlangt die Repräsentation!

In Amerika stehen die Lokalvereine in einem gewissen subordinirten Verhältnisse zu der Hauptassociation, während in Deutschland mehrere kleinere Vereine selbständig neben dem Hauptvereine wirken; so der „Badische Brauerbund" (officielles Organ die Allgemeine Hopfenzeitung) oder der „Verein norddeutscher Brauer" (1875 gegründet, Leipzig, Vorsitzender Bürklein), der sich in neuester Zeit auflöste und von dem „Brau-Industrie-Verein" im Königreich Böhmen (Organ „der Bierbrauer aus Böhmen") und dem „Schlesischen Brauerverein" (Organ „Schlesische Brauerzeitung") ersetzt wurde. Andere Vereine wie der „Deutsche Hopfenbauverein" (Präsident Weiss; Generalversammlungen Hagenau 1874, Tettnang 1875, Nürnberg 1877), der „Bayerische Dampfkesselrevisions-Verein", der „Landwirthschaftsmaschinenfabrikanten-Verein", „Verein deutscher Fabrikanten und Händler landwirthschaftlicher Maschinen", „Verein Wiener Getreidehändler", „Verein der Brauherrn in und um Wien" etc. verfolgen wieder specialistische Zwecke oder tragen ein mehr lokaleres Gepräge. Von transatlantischen Körperschaften ist hier die „Nationale Mälzer-Association der Vereinigten Staaten" (gegründet 1874, Brewers Gazette von Flintoff Vereinsorgan, 5. Juni 1877 4. Jahreskongress) zu nennen, die aber sich erst Anklang zu erkämpfen hat. Projektirte Gesellschaften tauchen in jüngster Zeit in Menge auf; so ein „Assekuranzverein für Bierbrauereien in Wien" (1877 geplant), ein „Oesterreichisch-ungarischer Brauerbund" (1876 von Thausing empfohlen), ein „Niederösterreichischer Brauerbund" (1876 von Prinzl befürwortet) und andere.

Durch dieses Zusammenarbeiten der verschiedensten Elemente konnte es nicht mangeln, dass sich die neue Entwicklung — man kann sagen — von Jahr zu Jahr sichtbar steigerte.

Die nächste Folge dieses allgemeinen Umschwungs war die Anlage grosser Etablissements, doch in erster Linie nicht so fast durch die Entdeckungen der Fachwissenschaft hervorgerufen, wie sich sollte erwarten lassen, als vielmehr durch die Erfindungen der Mechanik gereizt, welche in die Strömung hereingezogen worden; woher kam es denn, dass vielfach an die Spitze solcher Unternehmungen Männer traten, die in Folge ihrer noch höchst einseitig empirischen Bildung stets mehr oder weniger nach dem alten Schema fortsotten und die Zymologie in ihren Laboratorien weiter analysiren liess, ganz abgesehen von so manchen Doudezbrauereien, für welche nicht einmal dem Namen nach die Zymologie bestand und — bis dato besteht. Wenn letztere aber dafür in Verlegenheitsfällen ihr Heil bei Quacksalbern und in den berüchtigten Hand-, Hilfs- und Taschenbüchern solcher Schwindler suchten, so möchte dies vielleicht eine Materialzufuhr sein zur Geschichte der Aversion ge-

---

[1]) Sie zeichneten damals 500 Dollars.

wisser Menschenklassen gegen die Begriffsverbindung von „Brauwesen und Chemie", wozu freilich noch eine oft fabelhafte Unkenntniss vom Wesen der Chemie überhaupt das Ihrige beiträgt.

Man kann den gegenwärtigen Standpunkt der Zymotechnik als ein Uebergangsstadium von der eben angedeuteten Obstination und Empirie zu dem letzten Postulate der konsequentesten rationellen Vereinigung von Theorie und Praxis bezeichnen. Dass die Zeit an diesem Punkte angelangt, beweist, ausser den sich stets mehrenden Brauakademien und den zahlreichen Fachjournalen, die da und dort sich offenbarende Anstellung von Zymotechnikern in des Wortes vollster Bedeutung, d. h. Brauchemikern, die mit wissenschaftlicher Fachkenntniss ihr Gewerbe betreiben, wenn auch die Erscheinungen noch völlig sporadisch auftauchen, indem oft nicht unwesentlich die Macht der sogenannten öffentlichen Meinung hemmend entgegen steht, da es nicht an Menschenexemplaren fehlt, die immer noch Theorie und Praxis als etwas Konträres betrachten.

Ganz abgesehen von genannter Kleinquacksalberei musste auch die einseitige Empirie des Grossbetriebes zu Nachtheilen führen, da es ihrem Wesen widerspricht, der Wissenschaft und ihren Ergebnissen zu folgen. Ohne diese aber ist ein Forschritt undenkbar, welcher allein es möglich macht, einer der Wissenschaft schritthaltenden Konkurrenz die Spitze bieten zu können. Darin nun liegt die ganze Begründung des obigen Postulats.

Die Durchführung dieser Forderung allein kann den Betreibenden vor einer Arbeit mit beständigen, relativen Verlusten schützen, die um so potenzirter werden, in je grösserem Massstabe derselbe thätig ist. Nur der Besitz des ganzen theoretischen Apparats, der ihn vom Einkauf der Rohmaterialien bis zum Ausstoss des Bieres begleitet, Einsicht ins Wesen, Sicherheit im Verfahren gibt und ihn von dem entwürdigenden Schablonenthum befreit, stempelt den Techniker zu einem vollmodernen Betriebsmann. „Nichts fördert den sicheren Schritt in den Arbeiten des Brauers besser, als genaue Einsicht in die dabei vorgehenden chemischen Process", dieses Wort Habich's verdiente über jeder Brauerei gleich einem delphischen Γνῶϑι σεαυτόν („Erkenne dich selbst") angeschrieben zu werden; doch möchten wir dieses Γνῶϑι noch etwas weiter fassen als Habich: nicht bloss chemische Einsicht, nein, auch empirische und technische Gewandtheit — worunter wir physikalische, physiologische, chemische, merkantile und volkswirthschaftliche Kenntnisse verstehen — ist gefordert.

Die Perspektiven des citirten Satzes lassen sich am besten durch die Parallele zwischen alt-empirischem und modern-rationellem Brauer überblicken, welche sich durch den ganzen Lauf ihrer Thätigkeit ziehen lässt und aus welcher, weil in der Natur der Sache liegend, nicht nur des Ersteren Ungenügen hinsichtlich der heutigen Anforderungen resultiren muss, sondern auch dessen Partikularismus, der ob der Kleinlichkeit seiner beständigen centristabilen Kreisbewegung die Interessen des gesammten Allgemeinen vergisst. Zugleich bietet eine solche Vergleichung die Gelegenheit, einen Einblick in den Stand der gegenwärtigen Betriebsfähigkeit zu werfen. Freilich wäre es auch hier völlig verfehlt, ausschliesslich an die Existenz der Extreme, an welche jede Parallelziehung in ihrer Darstellung gebunden ist, glauben zu wollen, während doch stets die Extreme ihre Vermittlungs- und Uebergangsstufen in sich schliessen und auch hier der Gedanke an Männer, die sich an der Hand der Praxis gebildet und später auf irgend einem Wege theoretische Kenntnisse mehr oder weniger sich angeeignet, nicht nur nicht verbannt ist, sondern häufig realisirt wurde. An empirische Autodidakten hiebei jedoch zu denken, dürfte als gewagt erscheinen, wenn man sich die Schwierigkeit des Selbststudiums bei Mangel einer theoretischen Grundlage überhaupt und eines Verständnisses der termini technici vorhält.

Dass der praktische Gesammtendzweck der modernen Strömung unseres Faches, analog anderen Gebieten, nicht so fast im Bestreben, ein besseres, als vielmehr ein wohlfeileres Produkt herzustellen, gipfelt, hat bereits Thausing in seiner „Malzbereitung und Bierfabrikation" zum Ausdruck gebracht, und dass dies nicht bloss eine subjektive Meinung war, be-

weist die Thatsache, dass von keiner Seite Einsprache dagegen erhoben worden. Der weniger
Unterrichtete jedoch würde sich in einem grossen Irrthum befinden, wollte er annehmen, es
handle sich somit um eine gehaltlose Schwindelproduktion, erzeugt aus schlechten Mitteln —
was, ohne den beabsichtigten Betrug in Betracht zu ziehen, eine ganz verfehlte Spekulation
wäre, eine Wahrheit, die aber so manchem Obstinaten noch immer nicht einleuchten will —,
sondern um die rationelle, vollständige Ausnützung guter Rohmaterialien handelt es sich, und
dies vermag nur der naturwissenschaftlich Geschulte erschöpfend zu Stande zu bringen. Die
vollständige Durchführung dieses Programms muss ja per se zur Erzeugung eines guten Stoffes
führen, und gerade darin liegt dessen Alleinberechtigung.

Bei der Ziehung der Parallele ist in erster Linie dahin zu trachten, dass der praktische
Gesammttendzweck nicht aus den Augen verloren wird; allgemein theoretische Konsequenzen
können erst in zweiter Linie in Betracht kommen.

Schon beim ersten Buchstaben des praktischen Braueralphabets, beim Einkauf der
Rohmaterialien, nehmen Empiriker und Rationalist verschiedene Standpunkte bei Verfolgung
desselben Zieles ein: Beide suchen die möglichst beste Waare zu erlangen — der möglichst
geringe Preis kann in die Betrachtung selbstverständlich nicht gezogen werden, da dies der
kaufmännischen Force des Einzelnen zukommt —; denn darüber ist sich jeder kluge Brauer
klar, dass der Einkauf guter Materialien vor Allem in das Gewicht fällt. Aber während nun
der Erste sich nach seinen angelernten und vielleicht noch durch die Erfahrung vermehrten
Brau- und Brauerregeln über dieselben zu orientiren sucht, hat der Zweite den Vortheil, dass
er ausser Herbeiziehung derselben allgemeinen Brauerregeln, die auch ihm nicht unbekann'
sind, sofort zur Fixirung des absoluten Werthes der zu kaufenden Rohmaterialien schreitet,
ein Vortheil, dessen Mangel sich der Empiriker wohl bewusst ist, daher das fortwährende An-
klopfen und Anfragen bei Fachmännern und die Ueberfüllung der Briefkasten in den Fachjournalen. Dieses über den Einkauf an sich allgemein Aufgestellte lässt sich in konkreten
Fällen an den beiden Producenten leicht durchführen und nachweisen, so beispielsweise beim
Gersteneinkauf. Der Empiriker wird streben, sich über die Waare nach Seite der Farbe,
der Schwere, des Geruchs und Geschmacks klar zu werden — an sich keine chemischen,
sondern physikalische Eigenschaften —; er wird sich vergewissern, ob die Farbe der Gerste
frisch, gelb und nicht matt, die Körnerspitzen nicht roth sind; ob dieselben schwer oder leicht,
ob der Geruch strohfrisch oder ob modrig und widerwärtig; ob die Körner mehlreich oder
etwa fett speckig sind u. s. w. Dasselbe wird der Rationalist auch thun; dann aber wird er
an der Hand der Wissenschaft die inneren Gehaltbestimmungen vornehmen, auf die ein Empiriker verzichten muss. Er wird in erster Linie die Keimfähigkeit der Gerste erproben,
ihren Wassergehalt fixiren und endlich die Feststellung des Protenoïdgehaltes vornehmen,
welch letzterer von so grossem Einfluss auf die Haltbarkeit des Bieres ist und es an die
Hand giebt, längeres oder kürzeres Gewächs auf der Tenne zu führen und die Proportionalität
des Sudverfahrens entsprechend zu bestimmen resp. zu verändern.

Beim Hopfen und seiner Bestimmung nähern sich die Pendants am meisten, da hier
selbst der grösste Sympathiker unseres Wissenschaftszweiges eine Lücke nicht leugnen kann,
wenn auch längst daran gearbeitet wird, diese Bresche zu füllen. Lermer's Verdienste um
das Wesen der Hopfenbittersäure sind allbekannt, allein die Wissenschaft war bis jetzt noch
nicht im Stande, den Praktiker diese physiologische Errungenschaft ausbeuten zu lehren;
andere Theoretiker haben der Gerbsäure des Hopfens Wirkungen zugeschrieben, die sie bei
dem gänzlichen Ungenügen der Chemie nach dieser Seite überhaupt weder nachweisen noch
erklären können. So ist der Fachmann bei Untersuchung des Hopfens fast ausschliesslich auf
Aeusserlichkeiten angewiesen, die dem Empiriker wie dem Chemiker mit den bekannten Praxis-
regeln zugänglich sind, und es erfordert nichts weiter als eine gewisse Routine, geschwefelten
Hopfen von unverfälschtem zu unterscheiden.

Ein Hauptfaktor im Brauwesen ist das Wasser, dessen Einfluss aufs Gesammte längst dargethan worden, und es ist selbst wohl wenigen Empirikern unbekannt, dass Wasser, verunreinigt mit in Zersetzung begriffenen organischen Stoffen, schädlich, ammon- und schwefelwasserstoffhaltiges nachtheilig, gypshaltiges die Extraktausbeute beeinträchtigend ist u. s. w. Man kann desshalb nicht selten die Beobachtung machen, dass Störungen im Betrieb verdorbenem Wasser zugeschrieben werden, was bei Brauereianlagen in grossen Städten oft nicht ohne Grund ist, wie Aubry und Wagner in langen Specialuntersuchungen dargethan. Es ist nun allerdings den nicht chemisch gebildeten Brauern unmöglich, die Untersuchung des Wassers selbst zu machen, allein der Ausweg, eine Probe desselben irgend einem chemischen Laboratorium oder einer wissenschaftlichen Versuchsstation zuzusenden, um dieselbe vornehmen und eventuell nothwendige Winke sich geben zu lassen, ist stets offen. Es fragt sich aber, ob der an Ort und Stelle befindliche Chemiker, welcher sich mit beständigem Ueberblick des ganzen Ineinandergreifens seines zu leitenden Organismus durch periodische Untersuchung des, wie bekannt, bedeutenden Veränderungen durch klimatische Beeinflussung u. s. w. unterworfenen Betriebswassers ein kontinuirliches Bild desselben zu schaffen weiss und so im Stande ist, bei etwa wiederkehrenden Phänomenen die sich bewährten Massregeln vorbeugend oder nachhelfend anzuwenden — ich frage, ob der chemisch gebildete Betriebsleiter nicht bei weitem den Längeren zieht im Vergleich mit dem Empiriker und dessen Auswegen.

Zur Hefe übergehend, tritt uns ein Objekt entgegen, das besonders in neuer und neuester Zeit dem Beobachter des geschichtlichen Fortgangs der Zymologie zu wiederholtem Male in stets Interesse erregender Weise begegnet. Manch scharfes Wort ist gedruckt, manch geistreiche Kontroverse geführt worden mit der löblichen Absicht, endlich Licht in das Wesen des vielbesprochenen Ferments zu bringen, bis von Westen her eine Stimme überzeugend sprach: Pasteur. Die Konsequenzen blieben nicht aus; man brachte die Hefe unter die Linse und es gelang die sogenannten Krankheitsfermente und in neuester Zeit mittelst Anilinblau-Färbung todte von lebenden Zellen zu unterscheiden. Wenn auch diese Resultate noch lange nicht allseitig genügend für den Producenten genannt werden können und der Schritt zur positiven Bestimmung noch nicht gethan, so ist dennoch nicht zu leugnen, dass der wissenschaftliche Brauer schon jetzt seinen Konkurrenten weit hinter sich lässt. Es muss ja schon an sich die theoretische Kenntniss über das Wesen der Hefe ganz andere Gesichtspunkte für deren Behandlung ergeben, und wer sich über den physiologischen Lebensprocess dieses Pilzes vollständig Rechenschaft zu geben weiss, wird gewiss mit ganz anderer Sorgfalt über die Gährungsräume und deren Nähe wachen und allem vorzubeugen suchen, was dessen gesunde Entwicklung benachtheiligen könnte. Er wird z. B. niemals Brauereianlagen herstellen lassen, bei welchen Gährkeller und Stallungen dicht gedrängt an einander liegen und so die inficirte Luft der letzteren zu den Gährlokalitäten ungehinderten Zutritt findet.

Die Bearbeitung der Rohmaterialien anlangend, so ist während der ganzen Verfolgung dieses zweiten Passus festzuhalten, dass mit der Steigerung der Materialausnützung auch die Rentabilität des Geschäfts entsprechend wachsen muss, eine richtige Verwendungs- und Behandlungsweise derselben aber allein der richtige Schlüssel hiezu ist.

Bei der Malzbereitung, die sich auf Weichen, Keimen und Darren vertheilt, spielt der Thermometer eine hervorragende Rolle, und wenn gleich zugegeben werden muss, dass die Möglichkeit einer Beobachtung desselben von empirischer Seite nicht ausgeschlossen, so ist doch darauf hinzuweisen, dass dieselbe im Princip eine wissenschaftliche Funktion ist — und darum handelt es sich. Wie aber will der Erfahrungsbrauer den Wassergehalt bestimmen und — eines der schlagendsten Momente — wie will er die Extraktausbeute ermitteln[1]), die

---

[1]) Es hätte zwar dieser Punkt schon unter die Rubrik des Materialieneinkaufs gesetzt werden können mit Hinsicht auf die Brauereien, welche nicht in der Lage sind, ihren Malzbedarf aus eigener Bearbeitung vollständig zu decken, was jedoch einer mehr systematischen Gliederung der Bearbeitung zulieb unterblieben ist.

allein des Processes Nutzbringung approximativ berechnen lässt. Für den empirisch gebildeten
Brauer ist der Umstand um so verfänglicher, als die Malzfabriken allmählich sich daran ge-
wöhnen, ihm Waare nach dem Extraktgehalt zu offeriren, die Anwendung des Prüfsteins aber
demselben verschlossen ist. Freilich ist auch hier die Möglichkeit der Konsultirung eines
Laboratoriums nicht ausgeschlossen; allein wenn man sich nur einen Moment die Schwierigkeiten, die sich durch Zeitverzögerung und Ortsentfernung ergeben, vergegenwärtigt, so wird
die Ueberlegenheit des selbstprüfenden Chemiebrauers sicher ausser allem Zweifel stehen.

Die beschränkten Grenzen einer Abhandlung lassen eine eingehende Detailirung aller ins
Gewicht fallenden Momente nicht zu, und so wird auch bei Betrachtung des Brauprocesses
mit Umgehung des Schrotens ein Blick auf das mehr sich distinguirende Maischen zu werfen
sein. Lintner sagt in seiner Bierbrauerei: „Für den Brauer kommt es nicht lediglich darauf
an, wie viel derselbe überhaupt aus dem Malze auszieht, die Menge der Extraktausbeute ist
nicht der einzige Gesichtspunkt beim Maischen, vielmehr ist die nähere Zusammensetzung,
Qualität des Würzeextraktes und das Verhältniss der näheren Bestandtheile desselben grund-
wesentlich". Die hier angeführten Punkte sind so rein wissenschaftliche Begriffe, dass es
einem Schablonenmenschen schwer fallen möchte, sich etwas daraus zusammenzureimen.
Und um nochmals denselben Autor zu citiren: „Durch die gemeinschaftliche kombinirte Ein-
wirkung von Temperatur und Zeitdauer beim Maischen stellt sich das eigenthümliche Verhältniss her, dass man aus demselben Malz ganz gleiche Gesammtextraktausbeute erhalten
kann, die aber bezüglich ihrer näheren Bestandtheile ganz verschieden zusammengesetzt
sind. Die Antwort auf die Frage, welche Temperatur beim Maischen die vortheilhafteste sei,
ist immer bedingt durch das, was man im speciellen Fall anstrebt, ob man zuckerreiche Würzen
bedarf oder ärmere u. s. f.". Es drängt sich wohl von selbst jedem ruhigen Betrachter die
Unmöglichkeit auf, die Lösung solch wissenschaftlicher Probleme von einem Empiriker (im
engeren Sinne) zu erwarten.

Die Hauptgährung weist in erster Linie auf das anlässlich der Hefe Gesagte zurück,
die sich als Hauptfaktor in dem chemisch-physiologischen Processe offenbart, und es wäre
somit nur noch die Hindeutung auf die praktische Ausbeute der dort erwähnten Errungenschaft anzufügen, bei jedesmaligem Wechseln den Zeug mikroskopisch auf todte Zellen zu unter-
suchen, um jedem Nachtheile, den ein zu grosses Ueberwiegen derselben hervorzurufen im
Stande wäre, vorzubeugen. Hieher gehört auch noch der Versuch, die sich öfters einstellende
Langsamkeit und Schwierigkeit des Klärens einem Plus von Protenoïden zuzuschreiben, in Folge
dessen die Hefe bei ihrer Anlage den Stickstoff aufzuzehren nach Vergährung des Zuckers
weiter sprosst, so die Klärung hemmt, Essigsäurebildung und damit Verschlechterung des
Produkts nach sich zieht. (Dr. Harz.) In zweiter Linie findet hier die Attenuationslehre
Balling's ihre volle Verwerthung, dessen Saccharometer ebenso wie bereits Thermometer
und zum Theil Mikroskop sich in vielen empirischen Händen befinden, allein dessenungeachtet
seinen principiellen wissenschaftlichen Ursprung nicht verwischt hat. Die erwähnten physiologischen Momente fallen so wie so ins Gebiet der Wissenschaft.

Den Schluss bilden die Funktionen im Lagerkeller, die sich in der Hauptsache um
die Kontrole der dort vor sich gehenden Nachgährung im Lagerfass koncentriren und welche,
wenn sie auf ein monatlich wiederholtes Nachwiegen jedes einzelnen Fasses einer Lagerab-
theilung ausgedehnt wird, den doppelten Vortheil bietet, dass der Betriebsführer stets die nicht
zu unterschätzende Uebersicht über den Verlauf der Gesammtnachgährung vor sich auf dem
Papiere hat und sicher gestellt ist vor Eventualitäten, gegen die der Unterlassende nicht geschützt ist. Es ist dies ein Verfahren, das bis dato in den wenigsten Brauereien Eingang
gefunden. Zieht man hiezu noch in Erwägung, dass die Ausübung desselben beim ersten
Nachwiegen jeder Abtheilung noch eine Personalkontrolle in sich schliesst (ob der Schlaucher
das zum Fassen gebrachte Bier gleichmässig über sämmtliche Lagerfässer vertheilt und beim
Nachdrücken die nöthige Aufmerksamkeit obwalten liess; da bei ungleichartiger Vergährung

in Folge von Anwendung verschiedener Zeuge die ungleichartige Vertheilung eine Differenz in der Saccharometeranzeige ergeben muss), so wird vielleicht die Apathie gegen die ermüdend scheinende Ausführung etwas gemildert sein.

An diese Bethätigung des Brauers während des successiven Verfahrens reihen sich als dritter Faktor die eigentlichen Bieruntersuchungen an, die ihn nach den verschiedenen üblichen Methoden in den Stand setzen, die Zusammensetzung seines Produkts kennen zu lernen, bestehend in scheinbarem und wirklichem Extrakt nebst Alkohol, sowie Zucker, Dextrin, Protenoïden und Asche. Die Feststellung des Zuckergehalts im Bier dürfte wohl in erster Linie von besonderer Wichtigkeit sein, da dessen Abnahme unter einem gewissen Procentsatz die Haltbarkeit bedeutend beeinträchtigt. Ferner ist das Verhältniss von Zucker und Nicht-Zucker im Bierextrakt ein sehr wechselndes und beeinflusst hauptsächlich den Charakter eines Bieres, meistentheils bedingt durch das specielle Verfahren im Betrieb. Dass hiedurch dem Brauer ein bestimmtes objektives Mass in die Hand gegeben ist, sein Erzeugniss zu kontrolliren, liegt klar zu Tage, und dürfte durch die sich ergebenden angedeuteten Vortheile eine Zuckerbestimmung in vielleicht kürzester Zeit eben so unentbehrlich werden wie die Verwendung von Thermometer und Saccharometer, worauf der „Bayer. Bierbrauer" bereits früher schon hingewiesen hat. Die Ermittlung der Eiweisskörper hat namentlich in neuer und neuester Zeit unleugbare Vortheile für den technischen Betrieb ergeben, da die Ernährung der Hefe und die Haltbarkeit des Bieres von dem mehr oder minder Vorhandensein derselben abhängig ist. Namentlich sind viele Störungen im Betrieb hierauf zurückzuführen. — Aus der Aschenanalyse eines Bieres können bei der Neuheit der Sache noch keine kompetenten Schlussfolgerungen gezogen werden, und dürfte höchstens die Konstatirung eines abnorm hohen Alkaligehalts darauf schliessen lassen, dass ein absichtlicher Zusatz von doppeltkohlensaurem Natron, Potasche oder Soda erfolgt sei zur Entsäuerung eines Bieres, ein Umstand, der jedoch in den wenigsten Fällen zu befürchten und nur bei Untersuchung von schlechtem und verdorbenem Biere hierauf zu reflektiren verlangt.

Ausser diesen bereits angeführten Vortheilen für den wissenschaftlich gebildeten Brauer tritt das weitere, nicht zu unterschätzende Moment hinzu, dass der technische Leiter durch Untersuchuug von Konkurrenzbieren sich die nutzbringendsten Schlussfolgerungen ziehen kann, da derselbe durch Feststellung von Alkokol und Extrakt im Stande ist, die Koncentration der Stammwürzen dieser Biere zu berechnen und aus dem Verhältniss von Zucker und Dextrin Anhaltspunkte zu finden, ob die erwähnten Konkurrenzbrauereien auf zuckerreiche oder -ärmere Biere hinarbeiten, wonach er sein Sudverfahren reguliren kann u. s. w.

Es springt sofort in die Augen, wie bei der Andeutung dieser Punkte der ganze Vergleich statt regelrecht in der beabsichtigten Parallele zu Ende zu gehen, in eine von dem Chemiebrauer allein durchschrittene Linie sich verlief, da es dem Empiriker nicht mehr möglich war, dem Chemiker bis zum Abschluss Schritt zu halten, und mit den mechanischen Funktionen auch seine ganze Fähigkeit erschöpft sein musste, an einem Punkte, wo der wissenschaftlich geschulte Brauer erst mit voller Kraft und Sicherheit seine Thätigkeit ansetzte. Wenn in dem durchlaufenen Vergleiche auch nicht jedesmal auf die pekuniären Vortheile, die sich aus einer nach allen Seiten hin ausgebreiteten rationellen Bearbeitung des Gebiets ergeben müssen, hingewiesen wurde, so wird es dennoch dem Weiterverfolgenden ein Leichtes sein, nach der gegebenen Skizzirung solche sich arithmetisch zu fixiren. Rechnet man hiezu noch die Hilfe, die ein Chemiker als solcher nach mehr allgemeiner Seite (Prüfung von Instrumenten, Feststellung des theoretischen Heizeffekts von Braumaterialien u. s. w.) einer Brauerei zu bieten im Stande ist, so dürften wohl die finanziellen Vortheile, welche einem solchen Etablissement daraus erwachsen, als erwiesen angenommen werden.

Es wäre jedoch höchst einseitig, wollte man den Vertreter der wissenschaftlich geschulten Praxis nur von diesem rein materiellen Standpunkt betrachten und nicht auch an ihn, wenn er Anspruch auf entsprechende Stellung im gesammten Menschenverbande erheben will, ideale

Forderungen stellen, d. h. nicht auch von ihm verlangen, für das Allgemeine Nützliches zu leisten. Der Zweckmensch kann zwar einwenden, ob hiefür nicht die ausfüllende Bethätigung seines Gewerbes genüge; der weiterblickende Fachmann dagegen wird nur beistimmen können, wenn man ausser der geläufigen Handhabung seines Faches ein wenn auch noch so unbedeutendes Weiterarbeiten auf dem geübten Gebiete in irgend einer Specialrichtung verlangt, und bestände es auch nur in der praktischen Prüfung des neu zu Tage Geförderten, welche ja gerade ihm in Folge seiner Stellung um so mehr in die Hand gegeben, als er im Grossen zu erproben vermag, was der kleine Versuch des Forschers ihm vorbereitet. Dieses wechselseitige Nehmen und Bieten, Erforschen und Erproben ist als der Höhepunkt des modernen Bestrebens anzusehen — durch solche Wechselbeziehung erhalten Theorie und Praxis erst ihren vollen Werth —, und wenn auch bis jetzt noch grösstentheils im Begriffe bestehend, so ist bei der raschen Entwicklung, welche die neue Geschichte unseres Faches gerade zeigt, die Möglichkeit der einstigen Realisirung desselben sicher nicht zu verwerfen.

Wenn bei diesem Vergleiche und den daraus resultirenden Forderungen im Interesse des Fortschritts die Bedeutung und Ueberlegenheit des Bierchemikers mit solchem Nachdruck hervorgehoben wurde, so sollte dies selbstredend keine Apotheose desselben sein, um so weniger als ja die möglichen Schwächen einer solchen Betriebsleitung gewiss nicht in Abrede gestellt werden. Unumstösslich wahr aber ist, dass, abstrahirend von den hier und dort noch nicht reifen Kenntnissen, die uns die eben noch so junge Wissenschaft schuldig blieb, und den selbst im bessten Organismus nicht ausgeschlossenen Zufälligkeiten, weitaus das Plus der Betriebsstörungen unter wissenschaftlicher Leitung nicht den Principien, sondern fremdem Eingreifen oder auch dem konkreten Ungenügen des Einzelnen zuzuschreiben ist.

Nach dieser mehr tendenziösen als objektiven Episode zurück zum Allgemeinen!

Die ersten Opfer dieses grossen Umschwungs waren eine Unzahl von kleinen Brauereien, denen es unmöglich ward, der Konkurrenz der grösseren zu widerstehen. Den Anfang machten diejenigen Betriebe, welche als Nebengewerbe neben der Landwirthschaft thätig waren. Es ist geradezu unheimlich, wenn wir diese Rubrik einer Statistik durchlaufen. 2100 Brauereien allein in der deutschen Steuergemeinschaft weniger seit 5 Jahren! Dabei gehen die ländlichen Betriebe neben den städtischen in doppelter Summe zurück[1]), während die Produktionsmassen von Jahr zu Jahr wachsen. Und so finden wir es nicht nur auf deutschem Boden etwa, sondern zwischen den Grenzpfählen aller Farben — erstaunlich aber erklärlich: Man vertraut die grossen Bierbrauereien, weil grosse Kapitalien auf dem Spiele stehen, nur erprobten, tüchtigen Braumeistern und Dirigenten an, spart nicht an Zuschüssen, damit in der Anlage des Etablissements Alles berücksichtigt werde, was die neueste Praxis für vortheilhaft erkannt hat, um den quantitativ und qualitativ höchsten Produktionseffekt, welcher zur möglichst bessten Rentabilität führt, zu erzielen. Man baut Eis-, Gähr- und Lagerkeller, setzt Dampfmaschinen in Bewegung welche Putz- und Quetschmühlen, Maischwerke und Bierpumpen, Elevatoren, Paternosterwerke, Malz- und Fassaufzüge treiben, bietet Alles auf, die mechanischen Arbeiten zu vereinfachen, kauft zur richtigen Zeit Massen guter Rohmaterialien zusammen und speichert sie in den riesigen Lagerräumen auf. Die Brauerei wird zur Fabrik, das Gewerbe zur Industrie, der Meister zum Fabrikanten; Gesellschaften treten zusammen; immer weniger Betriebe theilen sich in die Produktion, immer gesteigerter zeigt sich die Leistungsfähigkeit; in immer grösseren Peripherien breiten sich die Ströme aus, welche die wenigen Arbeitscentren ausstossen, Alles erdrückend, was ihnen hemmend entgegensteht. Wie ist da an ein Standhalten des Kleinbetriebes zu denken? Dazu kommt, dass durch ihre Einrichtungen und Verbesserungen die Brauereien in den Stand gesetzt sind, einen kontinuirlichen Betrieb einzuhalten und Jahr aus Jahr ein ein gleich altes und gleich gutes Bier zu erzeugen. Die Kleinbrauer, an der

---

[1]) Die letzte Gutsbrauerei mit bayerischem (untergährigem) Bier für Hausgebrauch in der deutschen Steuergemeinschaft hat vor Kurzem zu brauen aufgehört.

Ueberlieferung festhaltend, neben dem Lagerbier auch Schankbier darzustellen, welches schon nach vier- bis sechswöchentlicher Lagerung verzapft wurde, suchten durch diesen schnellen Verschleiss ihres Gebräu's Verlusten aus dem Wege zu gehen, welche so leicht beim Lagerbier eintreten, das bei seiner langsamen, monatelang dauernden Nachgährung eine viel sorgfältigere Behandlung erfordert als das Schankbier. (Mit welchem Bangen die Biertrinker im Herbste dem Ende des Sommerbieres entgegensehen, weiss jeder, der in süddeutschen Verhältnissen gelebt hat.) Wo man aber, wie z. B. in Norddeutschland, die Schankbierfabrikation bei Seite geschoben und fortlaufend ein gleichmässiges Bier erzeugt, welches die Schwierigkeiten der Lagerbierfabrikation bedeutend reducirt, liegt es in der Natur der Sache, dass die Kleinbrauereien mit ihren primitiven Einrichtungen einem sicheren Ruin entgegengehen müssen, was auch die Statistik bestätigt.

Ein richtiges Bild von den grossartigen Einrichtungen solcher Grossbetriebe und den damit erzielten Resultaten bieten uns die Ausstellungen. Es ist bekannt, welch bedeutende Fortschritte dieselben seit der London Exhibition of 1851 nicht nur in diesem Kolossalmassstab, sondern auch in kleinerer Form gemacht haben und mit welcher Thätigkeit die Brauerwelt stets, trotz der Schwierigkeiten des Transportes an sich, trotz der Temperatur-, Witterungs- und Klimalaunen, denen ihr Fabrikat ausgesetzt ist, betheiligt war. Es ist eine ausgemachte Sache, dass die Ausstellung an sich ein ganz bedeutendes Förderungsmittel eines Gewerbes ist und dabei neben dem bewegenden Motor der Konkurrenz der Verkehr zwischen Producenten und Konsumenten, der Meinungsaustausch und die sachliche Anschauung aufs bedeutendste unterstützt werden. Wenn man aber in neuester Zeit so weit gegangen ist, bei jedem Kuh- und Kälbermarkt eigene Ausstellungen (von Maschinen etc.) mit Entrée und Katalog zu arrangiren, deren Existenz nach halben Stunden berechnet werden kann, so ist man hier entschieden in eine falsche, wenn auch gut gemeinte Praxis gerathen. Der Zweck jeder Ausstellung — somit auch solcher Duodez-Panoramen — ist, dem Oekonomen, Brauer etc. ein übersichtliches Bild dessen zu bieten, was die neuesten Erfindungen zu Tage gefördert haben, so zwar, dass er durch eigene Anschauung die Licht- und Schattenseiten an dem Ausgestellten zu beurtheilen, eventuell das eine odere andere Bessere sich zu erwerben Gelegenheit findet. Wie soll aber ein solches Problem gelöst werden, wenn einerseits weiter entfernte Etablissements ihre Arbeiten wegen einer Winkelausstellung meilenweit herzusenden sich nicht veranlasst fühlen und anderseits das, was hiebei zu sehen ist, nur Lokalprodukte sind, die den Ausstellungsbesuchern schon längst vorher bekannt sind? Man mag eine solche umzäunte Bude nennen wie man will, dass sie aber den Namen Ausstellung bei solcher Zweckverfehlung nicht verdient, möchte zweifellos sein. Wenn wir daher in jüngster Zeit von einer Reform des Ausstellungswesens hören, welche für grosse, an einem bestimmten Orte regelmässig wiederkehrende Ausstellungen und Specialkonkurrenzen mit Probearbeiten agitirt, bei welchen sämmtliche Leistungen in einer Gesammtübersicht zusammengestellt für die Kritik und Jury geordnet zu Tage liegen und dadurch per se die Gefahr beseitigt ist, dass das Ausstellungswesen in Trödelmärkte aufgehe, so kann ein solches Unternehmen nur mit grösster Freude begrüsst werden.

Neben den Bier- und Maschinenausstellungen haben sich in jüngster Zeit besonders die Hopfenausstellungen bemerklich gemacht (Hagenau 1874, Tettnang 1875), welche in der Nürnberger Internationalen Hopfenausstellung bis auf weiteres einen Abschluss gefunden zu haben scheinen.

Die Wiener Weltausstellung (1873) brachte die erste internationale Brauerversammlung (740 Theilnehmer) zu Stande, ein Unternehmen, das eine bedeutende Zukunft hoffen lässt. Man hat die Weltausstellungen einmal Siegesfeste der menschlichen Thätigkeit genannt, und gewiss wird jeder Fachmann mit einem ähnlichen Gefühle sich in Reflexionen ergangen haben, wenn er durch die Tausende von Biertrinkern hinschritt, welche die Hallen der grossen Restaurants von Schwechat, Liesing, Pilsen etc. damals füllten und so die besste Kritik verkörperten, welche über die vergabten Produkte abgegeben werden konnte.

Eine andere Seite der Ausstellung ist nicht zu übersehen, die Wahrung vor Schwindel. Bei der Ueberproduktion und der so ungeheuren Konkurrenz unserer Zeit ist es eigentlich zu verwundern, dass so viel über dieses Schlagwort und seine Bedeutung rumort wird, während doch ein solches Uebel in der Natur der Verhältnisse liegt, und so lange diese existiren, auch nie völlig ausgerottet werden wird. Das einzige Mögliche ist, sich vor solchen sicher zu stellen, und dazu bietet die Ausstellung die Hand. Schwindel und Gediegenheit unterscheidet sich ja hauptsächlich dadurch, dass der Eine das, was Jene mit guten Mitteln producirt, mit schlechten herzustellen sucht. Die dadurch entstehenden Unterscheidungsmerkmale lassen sich, da der Fälscher äusserlich der echten Waare so nahe als möglich zu kommen sucht, durch leere Worte selten genügend charakterisiren und ohne Vergleich überhaupt nicht verstehen. Die Ausstellungen häufen hiezu das besste Material auf, und bei einigem Willen und entsprechender Anleitung ist es hier selbst dem minder Bewanderten möglich, dem Gedächtnisse und der Phantasie so viel einzuprägen, um in einem fraglichen Falle Raths zu wissen. Dies trifft hauptsächlich bei Dingen zu, die dem optischen Kriterium ausgesetzt sind; bei Bieren, die mehr der inneren Untersuchung — der Analyse unterliegen, verhält es sich freilich etwas anders.

Es ist nun einmal Mode geworden, das Bier unter die Objekte der allgemeinen Kritik zu rechnen, und so lange sich diese nur mit einer speciellen Sorte beschäftigt, möge der betreffende Brauer sehen, ob das Urtheil stichhaltig ist oder nicht. Anders verhält es sich, wenn die Bierkritikaster zu philosophiren beginnen und von einem konkreten X-Bier aufs Abstrakte überspringen, über das ganze Brauwesen und dessen Produkte herfallen, missrathenes und gefälschtes Bier in grösster Unbefangenheit durcheinander werfen, um zuletzt in einer chaotischen Schimpfsymphonie, aus der nur noch Schlagwörter wie Surrogate, Geheimmittel, Fälschung, Betrug, Gift hervorgellen, zu endigen. Es ist dies ein in letzter Zeit viel herumgezerrtes Thema, und besonders haben sich gewisse abonnentenarme Tagesblättchen redlich bemüht, mit diesem Köder ein skandalliebendes Publikum zu locken. Wenn aber einem Weltblatte wie der Augsburger Allgemeinen der Streich passiren konnte, einen derartigen Artikel in seine Beilage, von der man gewohnt ist, die ersten Namen unter ihren Aufsätzen zu lesen, einschleichen zu lassen, so kann man nur bedauern, dass die Redaktion das Machwerk vor dem Drucke keiner Durchsicht würdigte [1]).

---

[1]) Der Knalleffekt ist freilich längst verraucht, wir können uns aber in der That das Vergnügen nicht nehmen lassen, einige der verpufften Papierpfropfen aufzulesen und an einem etwas allgemeineren Lichte zu betrachten (das Sachliche hat der deutsche Brauerbund und Dr. Holzner längst widerlegt), um daran zu zeigen, welch ein Quark selbst in Blättern ersten Ranges über derlei Themen fabricirt wird. Es ist der Artikel „Die (vorläufig) letzte Handlung des deutschen Reichskanzlers" (1877 Nr. 121), welcher seinerzeit so viel Staub aufwirbelte. Der Verfasser erzählt darin zuerst von einem Gift, das unter dem Namen Bier in die Adern des Volkes gegossen wird; „dieses besteht meist aus Stoffen, die an sich nicht Gifte sind, von denen zum Theil nicht nachgewiesen werden kann, dass sie an sich dem Magen, den Nerven schädlich seien, die aber schädlich werden, weil sie in die Stoffverbindung, woraus reiner Wein und reines Bier einzig besteht, nicht richtig mit aufgehen, weil sie den gegohrenen Naturbestandtheilen dieser Getränke fremd sind und bleiben", — eine ohne allen Beweiszusatz in die Luft geworfene Universalthesis, die uns in den Blättern eines Schelling'schen Naturphilosophen Lachen machte, bei einem Angriff aber gegen so etwas Bestimmtes, wie das Bier, im Leser eine etwas andersgradige Anwandlung hervorrufen muss. Doch im nächsten Satz scheint ja ein Beweislein nachzutrotteln: Die Haselnussteckenrinde das Surrogat des Hopfens! Wir können wahrlich nur mit Staunen unserer Dankbarkeit Ausdruck geben für diesen hochwichtigen Beitrag zu unseren zymologischen Kenntnissen, noch mehr aber für den famosen Begriff „Halbgift", der also definirt wird: „Wir wollen solche Stoffe, die an sich nicht Gift, doch in dieser Verbindung und häufig genossen schädlich wirken) Halbgifte (also z. B. wohl Haselnusshalbgift!) nennen." O du heilige Logica! Erst giesst man uns Gift in die Adern, das aus „Ansichnichtgiftstoffen" besteht und von denen zum Theil nicht einmal nachgewiesen werden kann, dass sie schädlich sind, dann nimmt man Haselnussstecken, pantscht damit in der werdenden Stoffverbindung herum, dreht dabei den Hopfenhändlern eine Nase (denn zu was noch Hopfen?

Man bleibt manchmal unwillkürlich stehen und sinnt und sucht nach diesem unbegreiflichen Missverständnisse, das immer und immer wieder auftaucht und trotz der Blamagen, die sie den momentanen Krakeelern um die Löffel hängt, neue Repräsentanten und Sachmissverständige findet. Dummheit und Oberflächlichkeit, die sich meist durch „Fälschung des Begriffs der Fälschung" kund geben, mögen freilich viel dazu beitragen. Missräth einem Brauer einmal ein Sud, dann wälzt sich das Publikum vor Behagen und schreit über Fälschung und Surrogate, unbekümmert um die Blösse, die es sich durch die Ignoranz der Schwierigkeiten eines Bierbetriebes giebt. Man bedenke doch, dass es ausser gefälschtem Biere auch fehlerhaftes (verursacht durch physikalische Aenderungen z. B. Hefen- und Glutintrübung) und krankes Bier giebt; warum denn sofort das Geheul über Betrug und Schwindel? Als ob einem Chef de cuisine nicht auch ein Gansbraten anbrennen könnte! Wie sehr aber der Skandalhaufe durch gewisse Organe gehetzt und betrogen wird, das hat z. B. die Darmstädter Herbstzeitlosen-Aufkäuferversammlungsgeschichte voriges Jahr gezeigt, wo der damalige Redakteur der „Hessischen Volksblätter", in welchen dieses Histörchen zuerst erzählt war, persönlich gestand, „dass alles erfunden sei".

Dazu kommen noch die Geheimnisskrämer und Recepthändler, durch welche der Konsument nothwendig misstrauisch gemacht werden muss und den diversen Zeitungsschreibern erwünschte Gelegenheit gegeben wird, von Zeit zu Zeit ein Polterartikelchen zu verfassen. Freilich sind die Annoncen derselben meist so toll, dass selbst der simpelste Inseratenleser Lachreize verspürt [1]); auch dürfte ihr Kontingent rasch abnehmen, seitdem die Augen der Polizei durch die chemisch-analytische Brille bedeutend schärfer zu sehen gelernt.

Wenn jüngst Abgeordnete ihre Popularität dadurch zu erweitern suchten, dass sie in allgemeinen Angriffen gegen die faulen Zustände des Braugewerbes sich erhitzten, oder andere Männer in medicinischen Versammlungen — wie Dr. Boëns gegen das bayerische Bier — sanitäre Vorträge hielten oder wie Dr. Mohr gar über das nationalökonomische Unglück in Folge der Verwendung der Gerste zu Bier schrieben, so möge das nur als Beitrag zu den Anschauungsweisen der Zeit konstatirt werden, widerlegt ist es längst in der Hopfenzeitung und anderorts. Doch ist zu hoffen, dass durch die neuen Untersuchungsbureaus für Lebensmittel (Leipzig, Stuttgart etc.), durch die energische Thätigkeit des deutschen Brauerbundes und durch die Mittel, welche Lintner im deutschen Verein für öffentliche Gesundheitspflege 1877 in Nürnberg vorgeschlagen, auch im Publikum allmählich andere Ansichten Platz greifen werden. Schliesslich noch ein Wort Holzner's an den Laien, dem weissgemacht wird, gerade der chemisch gebildete Brauer fälsche mit Vorliebe: „Gerade indem die Chemie zeigte, welches die wesentlichen Bestandtheile des Bieres sind, ist man überall dort, wo ein rationeller Betrieb eingeführt ist, d. h. wo nicht ganz unwissende Praktiker an der Spitze stehen, dahin gekommen, dass nur Hopfen und Malz angewendet werden". Ja, reines Malz, gesunder Hopfen, gute Hefe, Eis, Reinlichkeit, rationeller Betrieb — das ist das ganze Geheimniss.

Uebrigens hat auch diese Seite der Bierbrauerei ihre Geschichte und ist nicht neuen Datums, wie man oft zu hören Gelegenheit hat. Zum Beleg notiren wir einige Fakta: Vom Jahre 1254 ist eine Pariser Verordnung erhalten, welche sich gegen die Verfälschung des cervoise-Getränkes wendet. Eine Rechtsverordnung von 1390 sagt: „Die Gerichtsobrigkeit soll

---

und nennt dann das (NB.! nicht in einer vielleicht nachträglich bewiesenen Hypothese, sondern als wäre das eine allbekannte, längst bewiesene Thatsache) mit Gift bezeichnete Gebräu (über dessen Trinker „uns leider keine Statistik zeigen kann, wie viele an Krankheiten sterben, an denen sie nicht gestorben wären") die Halbgiftmischung Bier! Und das schickt man im Jahre der Aufklärung 1877 den Gebildeten in einer Beilage gedruckt ins Haus, die sonst von Gelehrsamkeit strotzt. Was soll man da von Volksblättern erwarten?

[1]) So braut Schiller in Berlin einen Eimer Bier um 50 kr.; um 60 Thaler sagt er, wie man in Kurzem auf Gährungswegen steinreich werden kann; Leuchs in Nürnberg klärt um 15 fl., Siegerist in Mengen schon um 8 fl. u. s. w.

ein wachsames Auge auf die Biersieder und Wirthsleute haben, so das Bier verschlechtern und die Menschheit verderben". 1530 schon werden dieselben Vorschriften und Anleitungen zur Bereitung und „Verbesserung" des Bieres genannt, welche heute als Produkte der Gegenwart an den Pranger genagelt werden; eine Verordnung der Generalstaaten gegen Fälschung ward 1620 erlassen. 1739 bestimmt eine Ulmer Verordnung, dass jedem Bierverfälscher die Braubegnadigung zu nehmen sei u. s. w. Die Spuren lassen sich bis ins 19. Jahrhundert, ja bis in die Gegenwart herab verfolgen. So schreibt Fuchs in den dreissiger Jahren (Dingler polyt. Journ. 1836 Bd. 62 S. 302 u. s. f.): „Dass dergleichen mit Pottasche oder Kreide neutralisirte Biere nicht ganz selten vorkommen, geht schon daraus hervor, weil die Geheimnisskrämer, welche Mittel zur Herstellung sauer gewordener Biere ausbieten, nicht selten gute Geschäfte machen; es ist aber eine Frage, ob auch andere Bierverfälschungen bei uns so häufig vorkommen etc."

Ein anderer Punkt, der ebenfalls ein beliebter Gegenstand der Kneipdialektik ist, möge nur gestreift werden; es ist die Vertheuerung des Bieres. Man sucht die Ursachen derselben so gerne in den Komptoirs der Brauereien statt in den Rechnungsbüchern gewisser Schenkwirthe, deren Nutzen, wie nachgewiesen worden, zwischen 25, 50 % und darüber spielt. Damit hängen auch die Bierkrawalle der sechziger Jahre in München nach Aufhebung des Regulativs von 1811 zusammen (1865). Wir erwähnen dies, weil der Preis bei den Konsumenten in der Regel das Ausschlaggebende ist und sich daraus die Thatsache erklären lässt, warum die leichten Biere immer mehr Ausdehnung gewinnen, während im gleichen Grade die starken Biere zurückgehen.

Die Steuer endlich anlangend ist erwiesen, dass in germanischen Vorzeiten Abgaben noch nicht gezahlt wurden; es gab wenig Geld und der Deutsche sah die Steuer als Zeichen der Unfreiheit an; die Leistungen waren noch persönliche; aber schon im 8. Jahrhundert mussten die eigenen Angesessenen von jeder Hufe eine bestimmte Anzahl Situlas abgeben[1]). Von den Kloster- und Stiftsabgaben ist schon geredet worden. Ausschanksteuern sind im 14. Jahrhundert nachgewiesen („Umgeld, Daz, Biertranksteuer") und die Vögte[2]) hatten den Bierpfennig zu erheben. Die Verhältnisse der Renaissance sind bereits dargelegt. Im zweiten Viertel unseres Jahrhunderts ward die Steuer aufs Produkt selbst verlegt.

Die Besteuerungsmodi sind in den einzelnen Ländern verschiedene. Die Raumsteuer ist die verbreitetste; sie erstreckt sich auf Messung der Gerste oder des Malzes (Grossbritannien, Bayern), Messung des Bieres (Nordamerika), Kesselsteuer (Frankreich, Elsass-Lothringen, Baden) und Bottichbesteuerung (Belgien, Russland, Niederlande). Die Gewichtsbesteuerung (des Malzes: deutsche Braustuergemeinschaft, Württemberg, Bremen, Luxemburg, Hamburg; der Gerste: Norwegen) ist mit Ausnahme Bayerns, Badens und der Reichslande als der deutsche Steuermodus zu bezeichnen. Endlich die Extraktbesteuerung des Bieres findet sich nur in Oesterreich.

Die Volumensteuer besonders wird von den fiskalischen Köpfen bevorzugt, schon der einfachen Kontrole halber, da, ob stärker ob schwächer, das Gebräu stets durch denselben Messtiegel geht. Allein man sollte auch bei Steuerregelungen das bekannte Est modus in rebus nie vergessen (was hauptsächlich Oesterreich angeht), und anstatt auf beinahe aberwitzige Klauseln zu verfallen, wäre es viel entsprechender, wenn der Staat sich bei dem enormen Steuerbetrag die Industrie zum Bundesgenossen heranzöge. Der ökonomische Nachtheil, der aus einer irrationalen, rein fiskalischen Besteuerung entspringt, ist ja ohne Ausführung einleuchtend; denn die Bedeutung der Brauindustrie für die Landwirthschaft (Mästung, Dünger etc.), die Wichtigkeit des Fabrikats derselben für die Volksklassen (als Nahrungs- und Verbrauchsartikel) dürfte doch auch andere Beurtheilungs- und Betrachtungsstandpunkte beanspruchen, als den der Rechnenmaschine.

---

[1]) Vergl. Meichelbeck, Historia Frisingensis I S. 126.
[2]) z. B. der von Nieder-Altaich.

Man hat bei der Steuerfrage bis dato stets zu sehr den Producenten eines Steuerartikels in die Augen gefasst und darüber dem Konsumenten zu wenig Beachtung geschenkt, auf welch letzteren doch immer die Producenten die Zuschläge abwälzen und noch die Herren Zwischenhändler ihre Vortheile münzen. Bei einem Getränk wie das Bier ist ein derartiges Vorgehen um so unveranwortlicher, als ja weitaus das meiste Bier von den unteren Klassen getrunken wird, während der Reiche mit Wein, Thee, Chokolade, Liqueuren etc. zu wechseln weiss. In den betreffenden Kreisen hat man zwar endlich einsehen gelernt, dass der Stein, welcher nach der Höhe geschleudert wird, stets als Lawine zu Thale rast, um dort erdrückend liegen zu bleiben, und hat dies auch durch die allgemeine Rührigkeit bei der Biersteuerfrage 1876 in Deutschland zu erkennen gegeben. Schlagt immerhin eure Steuerstempel an die Früchte des Luxus und der Geldaristokratie, aber schont die Wurzeln, auf denen ohnehin schon so viel lastet!

Die Biersteuern Deutschlands sind durch fünf Gesetzgebungen geregelt, die wir in der Hauptsache ausziehen. An der Spitze steht das Reichsbrausteuergesetz; es umfast 44 Paragraphen, wurde am 31. Mai 1872 erlassen und gilt für das ganze deutsche Reich mit Ausschluss von Bayern, Württemberg, Baden, Elsass-Lothringen, Vordergericht Ostheim und Amt Königsberg. In der Hauptsache erstreckt es sich auf 7 Punkte: Getreide (Malz, Schrot etc. 20 Sgr.); Reis (20 Sgr.); grüne Stärke (d. h. solche, die mindestens 30 % Wasser enthält, 20 Sgr.); Stärke und Stärkemehl (mit Einschluss des Kartoffelmehles), Stärkegummi (Dextrin) 1 Thlr.; Zucker aller Art (Stärke-, Trauben- etc. Zucker), sowie Zuckerauflösungen 1 Thlr. 10 Sgr.; Sirup aller Art 1 Thlr.; alle anderen Malzsurrogate 1 Thlr. 10 Sgr. für jeden Centner. Der Haustrunk ist frei [1]. Bei Ausfuhr findet eine Rückvergütung statt. Wer brauen will, ist verpflichtet, der Steuerhebestelle schriftlich anzuzeigen, welche Gattung und Menge der genannten Stoffe er zu jedem Gebräu nehmen, an welchem Tage und zu welcher Stunde er einmaischen wird und wie viel Bier er aus dem angegebenen Braumaterial ziehen will; mit der Anmeldung ist die Steuer zu entrichten [2].

Das gegenwärtige Bayerische Malzaufschlaggesetz datirt vom 16. Mai 1868 und umfasst 103 Paragraphen: „§. 1. Vom Malz wird eine besondere Steuer, der Malzaufschlag, erhoben. §. 2. Unter Malz wird alles künstlich zum Keimen gebrachte Getreide verstanden. §. 7. Es ist verboten, zur Bereitung von Bier statt Malzes Stoffe irgend welcher Art als Zusatz oder Ersatz, oder ungemälztes Getreide für sich, sowie mit ungemälztem Getreide vermischtes Malz zu verwenden. Zur Erzeugung von Braunbier darf nur aus Gerste erzeugtes Malz verwendet werden." Vom Hektoliter Malz wird als Aerarialmalzaufschlag der Betrag von 2 fl. 20 kr. erhoben. Beim Export ins Ausland findet Rückvergütung statt. Die Pfalz war bis 1878 steuerfrei [3].

Das Württembergische Malzsteuergesetz vom 8. April 1865 enthält 27 Paragraphen: „§. 1. Die Abgabe vom Bier wird in einer Malzsteuer erhoben, welche alles Getreide begreift, das eingeweicht oder im Zustande des Keimens oder Wachsens gedörrt oder getrocknet und hienach oder mittelst einer anderen Vorrichtung zur Erzeugung von Bier, sei es zum eigenen Gebrauch oder zum Verkauf, verwendet wird." Die Steuer beträgt 24 kr. vom württemb. Simri. Wer neben oder statt des Getreidemalzes ein Malzsurrogat verwendet, hat die gleiche Abgabe zu entrichten. Zu diesem Behufe werden die Malzsurrogate nach der Ver-

---

[1] An den Ostseeprovinzen (besonders in Ostpreussen, Schleswig-Holstein, Mecklenburg) wird das steuerfreie Brauen (mit steuerbehördlichen Erlaubnissscheinen) im Kochkessel noch viel betrieben.

[2] Brausteuer in der deutschen Steuergemeinschaft: 1872 13 575 747 Mk.
1873 16 102 191 „
1874 17 355 579 „
1875 17 914 199 „
1876 17 582 148 „

[3] In Bayern ist statistisch von 1819 bis 1868 eine Steigerung der jährlichen Einnahmen des Malzaufschlages von 4 Millionen auf über 10 Millionen Gulden nachgewiesen.

schiedenheit ihrer Natur unter Vernehmung von Sachverständigen mit dem Getreidemalz durch die Steuerverwaltung ins Verhältniss gesetzt.   Beim Export erfolgt Rückvergütung.

Das Biersteuergesetz für Elsass-Lothringen umfasst 98 Paragraphen: „§. 1. Von der Bierfabrikation wird eine Steuer von 2 Mk. 30 Pf. für den Hektoliter starkes Bier und 58 Pf. für den Hektoliter Dünnbier erhoben. §. 12. Die steuerpflichtige Bierquantität wird ohne Rücksicht auf Gattung und Beschaffenheit des Bieres für jeden Brauakt durch Berechnung des Inhalts des Braukessels, selbst wenn derselbe nicht vollständig gefüllt ist, festgestellt." Für Exportbier wird die Fabrikationssteuer zurückbezahlt.

Endlich das Biersteuergesetz des Grossherzogthums Baden (28. Februar 1845 und Vollzugsverordnung 16. April 1864): Jeder Sud Bier unterliegt der Besteuerung. Die Steuer besteht in 5 kr. von der Stütze des Rauminhalts des Braugefässes.   Der Rauminhalt des Braugefässes ist durch Eichung zu bestimmen.   Beim Export findet Vergütung statt.   Die Feuerungen der Braugefässe sind unter staatlichem Verschluss zu halten, welcher im Falle des dem Steuererheber anzuzeigenden Gebrauchs eines Gefässes durch denselben jeweilig abgenommen und nach beendigtem Gebrauch sofort wieder angelegt wird.

Nach diesen Gesetzen stellen sich die deutschen Bierlande statistisch folgendermassen dar [1]:

Bierprovinz	Steuer		
	in Mark		Modus
	jährliche	Satz pr. hl Bier	
Bayern r. d. Rh........	20 746000	1,60	Massbesteuerung des Malzes
Deutsche Steuergemeinschaft .	17 767700	0,85	Gewichtsbesteuerung des Malzes
Württemberg........	5 214900	1,42	„ „ „ „
Baden	2 241800	2,13	Kesselbesteuerung
Elsass-Lothringen	1 573400	2,22	„ „
Bremen	88500	0,55	Gewichtsbesteuerung des Malzes
Hamburg	38000	0,40	„ „ „ „

Von österreichischen Verhältnissen resp. Missverhältnissen liesse sich in diesem Abschnitte am meisten erzählen, bei der so häufigen Besprechung in Fachjournalen aber wollen wir sie nur berühren.   Anfang der dreissiger Jahre betrug die Verzehrungssteuer für den niederösterreichischen Eimer in Wien 1 fl. 30 kr.; Bier in Ungarn war steuerfrei; 1854 trat die Versteuerung nach dem Extraktgehalte der Bierwürze ein, mit Modifikationen von 1869 und 1876 [2]).   Man hat berechnet, dass die österreichische Biersteuer 4—8 mal so hoch als im deutschen Reiche steht, woraus es sich erklären lässt, dass sie 11 % der gesammten Staatssteuer der Monarchie ausmacht.   So betrug 1873 die Einnahme an Bierverzehrungssteuer 27 Millionen österreichische Gulden; dazu sind noch die Zuschläge der geschlossenen Städte, die Thatsache, dass selbst der Haustrunk versteuert wird, dass Bestimmungen existiren, die das Bieraufkräuseln, welches für die bayerische Fabrikation einen integrirenden Theil bildet, dort verboten, dass im Export der österreichische Brauer nur einen Theil der daraufgeschlagenen Verzehrungssteuer zurückerhält, in Erwägung zu ziehen.   Thausing weist nach, dass auf jeden Hektoliter Bier (10 % Würze), der in Wien getrunken wird, 3 fl. 35 kr. Steuer lasten, so dass der Arbeiter, der täglich 1 l Bier trinkt, mit 3,35 kr. per Tag besteuert erscheint. Jedes Gebräu muss 24 Stunden vorher von dem Brauer bei dem Steueramte mittelst eines geschriebenen Formulares angezeigt werden, worin die Stunde, wann das Brauen beginnt und beendet wird, die Menge der Hektoliter und Saccharometergrade notirt ist und die entfallende Steuer sofort bezahlt werde. Steuerbeamte überwachen den ganzen Sud, überzeugen sich mittelst des Saccharometers (nach Balling) von der Menge und den Procenten der erzeugten Würze

---

[1]) Aus der Allgemeinen Hopfenzeitung 1878 Nr. 144.
[2]) Der Hektoliter mit 12 % Saccharometeranzeige 2 fl. Steuer.

auf dem Kühlschiff und haben ein wachsames Auge, ob alle Gährgeschirre geeicht sind. — Bella gerant alii, tu felix Austria lege!

Von ausserdeutschen Staaten stellen wir noch einige Zahlen zusammen, welche Frankreichs Steuerverhältnisse seit Anfang dieses Jahrhunderts klar legen, besonders desshalb, weil dort gerade gegenwärtig neue Symptome in der Biergeschichte sich anzusetzen scheinen.

Jahr	Steuersatz pr. hl in frcs.	Bier
1803	0,40	jedes
1808	2,00	„
1813	3,00	„
1814	1,50	starkes
	0,50	leichtes
1822	3,00	starkes
	0,75	leichtes
1830	2,40	starkes
	0,60	leichtes
1871	3,75	starkes
	1,25	leichtes

Zum Vergleich der übrigen Bierländer drucken wir eine höchst interessante Zusammenstellung aus der Hopfenzeitung (1876 Nr. 144) hier ab.

Bierland	Steuer in Mark jährliche	Satz pr. hl Bier	Modus
Grossbritannien	173 548800	3,69	Massbesteuerung des Malzes
Deutsches Reich	47 670300	1,18	verschieden
Oesterreich	45 459400	3,73	Extractbesteuerung des Bieres
Vereinigte Staaten	38 928600	2,59	Massbesteuerung des Bieres [1]
Frankreich	16 160000	2,19	Kesselbesteuerung
Belgien	12 722400	1,16	Bottichbesteuerung
Russland	5 826600	2,64	„ „
Norwegen	1 863900	3,10	Gewichtsbesteuerung der Braugerste
Niederlande	1,224700	0,80	Bottichbesteuerung
Luxemburg	60400	1,18	Gewichtsbesteuerung des Malzes
Dänemark	—	—	keine
Schweden	—	—	„
Schweiz	—	—	„

Verhältnisse des Einzelnen.

Alle diese aufgehäuften einzelnen Daten lassen sich aber erst völlig würdigen, wenn eine Leistungsskala zum Vergleich an die Hand gegeben ist. Man werfe mir nicht Kleinlichkeit vor, wenn ich bei dieser Vorführung Punkte berührte, die sich vielleicht hätten übergehen lassen, da ja doch nur dadurch an die Möglichkeit zu denken war, die Silhouette annähernd zu geben. Der Betrachtung der verschiedenen Landesprodukte aber ist eine solche der Rohmaterialien vorauszuschicken.

Deutschland arbeitet fast ausschliesslich in Gerste, und vor kurzer Zeit noch war daselbst die Produktion grösser als der Verbrauch, so dass man nach der Deckung des inländischen Bedarfes auf nicht unbedeutenden Export stossen konnte. Jetzt importirt es vorzüglich ungarisches, russisches, dänisches und französisches Getreide, daneben aber auch, vorzüglich aus Oesterreich, schon gemälzte Gerste, was einzelne Bierstatistiker veranlasste, dieses Phänomen

[1] Eine Barrel Bier 1 Dollar Steuer (Markensystem).

einem Rückgange des österreichischen Bierfabrikates zuschreiben zu wollen. Die Erklärung
liegt aber doch gewiss nur in den gesegneten landwirthschaftlichen Verhältnissen des Kaiser-
reichs, welche die Masse von Malzfabriken innerhalb der Grenzen stets in Gang und Kon-
kurrenzfähigkeit zu halten weiss. Wenn dagegen sich die deutsche Industrie durch Schutzzölle
zu verbarrikadiren suchte (Malzfabrikantenversammlung zu Mainz, März 1878), so war das,
gelinde bezeichnet, ein Inferioritätsbekenntniss ohne Bedacht. Deutschland betreibt (durch
Thier- und Dampfkraft) gegenwärtig 513 Mälzereien, die durch 2752 Arbeiter bedient werden,
und verarbeitet jährlich im Durchschnitt 17,5 Millionen Centner Gerstenmalz. Die Import- und
Exportsummen stellen sich folgendermassen zusammen:

| Jahr | Centner | | | |
| | Gerste | | Malz | |
	Einfuhr	Ausfuhr	Einfuhr	Ausfuhr
1872	3 680818	2 839476	998910	149202
1875	5 019321	2 518321	882708	342837
1877	10 111420	3 669687	1 086074	334023

Welch kolossale Tüchtigkeit die österreichische Kultur nach dieser Seite zur Schau
trägt, beweisen am bessten die Ziffern, welche den gesammten Ex- und Import der letzten
Jahre zusammenfassen, wenn man sie mit den österreichischen Bierproduktionssummen derselben
Jahre (unten) vergleicht.

| Jahr | Braumalz und Gerste Centner sporco | |
	Einfuhr	Ausfuhr
1870	271516	2 076426
1871	253238	3 218262
1872	553829	2 300680
1873	798666	3 373777
1874	1 013250	3 406478
1875	136873	2 157672

In England ist bei dem grossen Verbrauch das Geschäft der Malzerzeugung längst von
der Bierbrauerei getrennt; so verbrauchte es z. B. 1869 an Malz 56 775614 Bushels; dabei ist
der Gerstenexport verschwindend gegen den Import (z. B. 1863 Ausfuhr 1 876856 Bushels [1]);
Einfuhr 18 421352 Bushels).

Belgien baut Gersten am meisten in Ostflandern; im Ganzen wird seine Kulturfläche
auf 44000 Hektar berechnet.

Frankreich bezieht neben der eigenen sehr bedeutenden Produktion [2] besonders aus
Algier einen Theil seines Bedarfes, der vor der kontinentalen Ernte zu Markt kommt. Ausserdem soll nach neueren Berichten Afrikas Süden eine bedeutende Zukunft haben.

Die Vereinigten Staaten besitzen 310 Mälzereien, welche 1875 z. B. 20 Millionen
Bushels Malz producirten. Im selben Jahre waren dort 1 580626 Acres bebaut, aus welchen

---

[1] 1 Bushel = 35,5 Liter.
[2] Gerstenernte in Frankreich:

Jahr	Hektoliter	Hektar
1815	12 999751	1 072987
1845	19 268825	1 247143
1871	25 614014	1 269748
1875	18 144352	1 043903

32 Millionen Bushels gewonnen wurden. Die Gersteneinfuhr (besonders aus Kanada[1]) ist eine bedeutende (1874 z. B. 4891189 B., 1876 6¼ Mill. B.), neben welcher die Ausfuhr kaum in Rechnung kommen kann (1874 320394 B.); der Import von gemälzter Gerste[2]) dagegen ist weniger bedeutend (1874 245640 B., 1875 144487 B.) und im Sinken begriffen.

Zum Hopfen übergehend stellen wir zur Uebersicht eine Produktionstabelle an die Spitze, die wir nach Noback's[3]) Berechnungen rubricirten.

Länder	Zollcentner		Hektar
	Produktion[4])	Konsum	
Grossbritannien	500000	500000	25606
Deutschland	400000	320000	37910
Nordamerika	200000	180000	16228
Oesterreich	150000	110000	8421
Belgien	90000	15000	6500
Frankreich	40000	48000	4000
Russland	4000	15000	200
Australien	3000	500	250
Holland	2000	4000	142
Dänemark	1500	8000	106
Schweden und Norwegen	800	10000	70
Schweiz	300	3000	40
Italien	12	1500	1

Länder	Hopfenproduktion in Ctrn.
Grossbritannien	400000
Deutschland	480000
Nordamerika	250000
Oesterreich	100000
Belgien	98000
Frankreich	50000
Australien	3000

Die Hopfenbaufläche der ganzen Erde wird auf ca. 98900 Hektar berechnet. Nach qualitativer Schätzung stellt Prof. Lintner (in seinem Lehrbuch der Bierbrauerei) folgende Ordnung auf: Böhmen (Saaz, Auscha, Dauba); Neutomyschl; Bayern [Spalt[5]), Altdorf, Hersbruck etc.[6])]; England (Fornham, Canterbury etc.); Baden; Altmark; Brabant; Württemberg; Hessen; Braunschweig; Elsass; Lothringen; Oesterreich (im engeren Sinn: Linz etc.); Mähren; Steiermark; Bukowina; Odergegend (Frankfurt); Trier; Pommern (Stettin); Polen; Schweden; Dänemark; Amerika.

Die Centralplätze des modernen Hopfenhandels sind, wie allbekannt, Nürnberg, London und New-York.

---

[1]) Import aus Kanada 1877: Gerste 6693439 Bushels,
      Malz   314139   „
[2]) Auf dem importirten Malz liegt ein Zoll von 20% ad valorem.
[3]) in seiner Broschüre „Ueber Hopfen" Wien 1878.
[4]) Dass übrigens diese statistischen Berechnungen nicht unbedeutend schwanken, möge die Vergleichung mit einer Durchschnittsberechnung aus der Allgem. Hopfenzeitung beleuchten.
[5]) Baut schon über 800 Jahre.
[6]) Die Zahlen der bebauten Tagwerke summiren sich folgendermassen: 1839 29175
      1853 32030
      1863 51822
      1873 52395
      1876 53450.

Deutschlands Hopfenproduktion war in den letzten Jahren ganz bedeutenden Schwankungen unterworfen, die sich im Ganzen wie in den einzelnen Provinzen fühlbar machten.

Jahr	Centner
1873	458575
1874	332580
1875	618016
1876	228982

Seine Ausfuhr, die sich besonders nach Frankreich, Belgien, Oesterreich, Grossbritannien und Russland richtet, zeigt einen erklecklichen Aufschwung, während der Import sich in viel geringeren Summen bewegt.

Jahr	Centner	
	Einfuhr	Ausfuhr
1875	29537	217619
1876	67838	130064
1877	36502	167587

Oesterreich producirte:

Jahr	Centner
1873	129000
1874	62533
1875	200000
1876	33900

Der Grenzverkehr sowohl ins Land als nach aussen halten sich so ziemlich die Schale.

Jahr	Centner	
	Einfuhr	Ausfuhr
1874	15131	17653
1875	11101	29626
1876	19397	12994
1877	11179	21816

England importirt besonders aus Amerika ein bedeutendes Quantum Hopfen; sein Export ist unbedeutend; dagegen steht es, was Produktion und Konsum anbelangt, an der Spitze der Hopfenkultur. Die Produktion der letzten Jahre wird auf nachstehende Summen berechnet:

Jahr	Centner
1873	550000
1874	250000
1875	640000
1876	360000

Der Handel mit aussen beläuft sich auf folgende Summen:

Jahr	Cwts.	
	Einfuhr	Ausfuhr
1874	146233	1747
1875	256333	4979
1876	167421	17307
1877	248620	?

Belgiens bedeutender Export erstreckt sich mit Vorzug auf Grossbritannien, Frankreich und die Niederlande; an der etwa um die Hälfte kleineren Einfuhr betheiligen sich besonders

Deutschland und Frankreich. Die Resultate der inländischen Kultur wurden auf folgende Summen geschätzt:

Jahr	Centner
1873	150000
1874	100000
1875	220000
1876	90000

Grenzverkehr:

Jahr	Kilogramm	
	Einfuhr	Ausfuhr
1874	1 121048	5 178974
1875	2 040346	4 991889
1876	1 972118	4 044639
1877	1 440816	4 121902

Frankreich importirt Hopfen hauptsächlich aus Deutschland, Belgien und Grossbritannien; unter den Ländern des französischen Exportes stehen ebenfalls Deutschland, Belgien und Grossbritannien an der Spitze.

Produktion:

Jahr	Centner
1873	35000
1874	18000
1875	55000
1876	22000

Auswärtiger Handel:

Jahr	Kilogramm	
	Einfuhr	Ausfuhr
1874	1 720911	1 939758
1875	2 331050	859993
1876	2 364629	1 825415

Holland sendet Hopfen besonders nach Grossbritannien, Norwegen und Deutschland, während es aus letzterem wiederum und hauptsächlich aus Belgien ausländische Waare erhält.

Die Schweiz holt sich besonders deutschen und österreichischen Hopfen über die Grenze, die wenigen hundert Centner, die es versendet, gehen nach Deutschland und Frankreich.

Amerika konnte seinen Bedarf bis Anfang der sechziger Jahre nur durch Einfuhr aus Europa decken. Der amerikanische Hopfen verdankt seinen Misskredit auf dem Kontinent ebenso der Eigenthümlichkeit seines Geruches, dessen Grund wohl in der Bodenbeschaffenheit und den klimatischen Verhältnissen des Landes zu suchen sein dürfte, wie der Nachlässigkeit, mit welcher die überseeische Waare sortirt ist. 1876 kam derselbe, nachdem er in Folge der ungünstigen Ernte 15 Jahre fast gänzlich unsichtbar gewesen [1]), zum ersten Mal wiederum in grösseren Massen zu Markt. England bezieht am meisten Hopfen von der Republik. Die Bepflanzung daselbst ist in stetiger Ausdehnung begriffen (1875 waren 23880 Hektar bebaut, aus denen man 11547100 kg gewann).

---

[1]) Seit der totalen Missernte von 1861; damals wurde er besonders mit böhmischem und bayerischem Hopfen vermischt verkauft.

In der gegenwärtigen Statistik für Bierkonsum steht München an der Spitze (556 l pro Kopf im Jahre 1876), dann folgen Wien (296), London (254), Berlin (240), Petersburg (67), Paris (14). Solche ästimatorische Berechnungen haben freilich stets einen nur relativen Werth, indem sie zwar eine gewisse Uebersicht zu Stande bringen; allein wenn man die verschiedenen Kinds- und Temperenzköpfe, die einer solchen Berechnung nicht zukommen, in Erwägung zieht, so mindert sich dieser relative Werth zu ·einem s e h r relativen herab. In Amerika vollends wird von den Temperenzphilosphen entsetzlich viel mit Zahlen gesündigt, die durch Zusammen- werfen aller möglichen und unmöglichen Rubriken nach ökonomischer, moralischer und krimi- neller Seite Resultate herausreimen und den Stand der menschlichen Voll- resp. Verkommenheit in einer Weise fixiren, die dem Europäer stummes Staunen abtrotzt.   F a s b e n d e r bringt einmal einen anderen Modus in seine Kalkulation. Er berechnet den Wiener Bierkonsum nach Männerköpfen von 16 und Weiberhäuptern von 20 Jahren aufwärts, was nicht zu unterschätzen ist, da die Annäherung an den Thatbestand eine viel wahrscheinlichere ist, als wenn Kinder, Backfische — kurz Alles in einen Topf geworfen wird.   Freilich bleibt auch eine solche Schätzung nicht ohne Stelzfuss, und die Abstinenzler, Schnaps- und Weintrinker werden stets unverdientermassen mitfungiren, ob sie wollen oder nicht.   Für das deutsche Reich berechnet die Allgemeine Hopfenzeitung den Bierkonsum pro Kopf auf 94 Liter; aber welche Differenz, wenn man München (494) neben Berlin (240) stellt!

Dr. S t a m m sagt einmal, man könnte die Volksstämme[1]) in Weinvölker, Biervölker und Branntweinvölker eintheilen. Zu den ersteren rechnet er die Spanier, Franzosen, Italiener; die letzteren sind ihm die Polen und Russen; als Repräsentanten der Biervölker betrachtet er die g e r m a n i s c h e n V ö l k e r. Im Allgemeinen lässt sich dagegen gewiss nichts einwenden; allein zieht man die einstige Vorliebe der Semiten (Aegypter), Kelten, den gegenwärtig in vollem Wachsthum begriffenen Bierkonsum germanischer und slawischer Völker, die Exporte nach Indien und Arabien in Betracht, so wird die Vollgiltigkeit dieses Ausspruches vielleicht etwas zu beschränken sein.   Damit aber soll der germanische Charakter, welchen das Bier involvirt, nicht geleugnet werden, denn der Aufschwung der Neuzeit — ganz abgesehen von der alt- germanischen Trinklust — ist unbestreitbar germanisches Verdienst; nur die A u s s c h l i e s s - l i c h k e i t soll bestritten werden.   Dies wird auch die Detailbesprechung bestätigen.

D e u t s c h l a n d arbeitet gegenwärtig mit ca. 23940 Bierbrauereien und 68000 Arbeitern, die 1876 ungefähr 40 187700 hl Bier erzeugten. An der Spitze steht B a y e r n, und zwar mehr durch den eigenen Verbrauch als (besonders seit der Konkurrenz Oesterreichs) durch seinen Export, der aber immerhin ein ganz bedeutender ist (1875 versandte es 545054 hl). 1868 waren im Lande (diesseits des Rheins) 5091 Betriebe im Gang, die 1758190 Schäffel Malz ver- brauchten; die Produktion selbst resultirte :

B i e r	Bayer. Eimer
Schenk-	5 277374
Lager-	5 985036
Luxus-	120052
Weiss-	418343

1875 arbeiteten 6524 Brauereien auf bayerischem Boden (diess. d. Rh.). Die Produktions- summen der letzten Jahre belaufen sich auf :

Jahr	Hektoliter
1873	11 251920
1874	12 074700
1875	12 079800
1876	12 442272

---

[1]) Er denkt dabei zunächst an die europäischen.

Pro Kopf berechnet man in Bayern 289 Liter. Am Export betheiligen sich in erster Linie Nürnberg [1]), Kulmbach, Erlangen, München. Ich habe einmal gelesen, die bayerische Residenzstadt habe 1843 nur 18 Eimer exportirt; statistisch bewiesen aber ist, dass sie 1869 z. B. 41326 Eimer, 1872 92712 Eimer versandte. Am lebhaftesten betheiligten sich daran Georg Pschorr[2]), Gabriel Sedlmayer (Spatenbräu) und die Löwenbrauerei, deren weiss angestrichene Bierwaggons man nicht selten in den von München kommenden Eisenbahnzügen beobachten kann. Man hat die merkwürdige Beobachtung gemacht, dass die Bierausfuhr ins Ausland bedeutend gesunken und nur die Transporte in die Umgebung der Residenz steigende Ziffern aufweisen; anderseits der Import von 1874 auf 1876 gerade auf das Dreifache gestiegen ist.

Bierausfuhr		Biereinfuhr	
Jahr	Hektoliter	Jahr	Hektoliter
1875	255971	1874	11005
1876	267651	1875	24152
		1876	33208

München, das Anfang des 19. Jahrhunderts noch 72 Kleinbrauereien besass, erzeugt seine Biermasse heute in nur 28 Brauhäusern (incl. der Vorstädte und excl. Weissbierbrauereien), nämlich, ausser den ebengenannten, das Hofbrauhaus, Zacherlbräu (Gebr. Schmederer), Franziskanerbräu (Jos. Sedlmayer), Hackerbräu (Math. Pschorr), Augustinerbräu (Wagner), Singlspieler (Graf v. Buttler), Maximiliansbrauerei (Kreiller), Zengerbräu (Hierl), Metzgerbräu (Knon), Mathäserbräu, Eberlbräu (Pongratz), Sterneckerbräu (Trappentreu), Brauerei zur Schwaige (Füger), die Brauereien von Feicht, Leiss, Polaceck & Co., Kurzwart, Schwablmaier, Schmidt, Kalb, Petuell, Müller, Braun und das Franziskanerkloster. Die Brauerei zum Spaten ist die grösste, einheitlichst eingerichtete und organisirte Brauerei der Stadt. München erzeugt mehr als den zehnten Theil der Gesammtmasse des in ganz Bayern gebrauten Bieres, und dazu vernichtet der Münchner zum grössten Theil sein heimisches Gebräu allein. Das viel beschriebene Münchner Bierleben wird mehr und mehr durch die grossen Restaurants und Café's (in der Maximiliansstrasse etc.) verdrängt und kann im Winter nur noch in den eigentlichen Brauereien, im Sommer auf den grossen Kellern studirt werden. Dort aber entwickelt sich noch ganz das alte, poetische Treiben entschwundener Decennien. Eine verstimmte Harfe und eine krächzende Geige leiten den Suchenden schon von Ferne auf die Spur, die zur Quelle führt, um die sich in malerischen Gruppen auf leeren Bierfässern und ungehobelten Dielen, die steinernen Masskrüge auf dem Boden zusammengestellt, auf dem Schoss die Reste diverser Radi's und Weisswürste, das geniessende Publikum sich lagert. „ä Mòs[3]) und ä Brod à?" ruft eine knochige Kellnerin endlich über vier Tischreihen herüber, nachdem man in gewohnter Resignation erst eine halbe Stunde den leeren Platz seines Tisches gehütet oder es nicht vorgezogen hat, selbst einen der schweren Krüge, die in den Ecken umherliegen, am laufenden Brunnen zu schwenken und zum Schenktisch sich durchzudrängen, hinter welchem die hemdärmeligen Brauer mit unnachahmlicher Force die gefüllten Mòskrüge auf dem langen Brett den Harrenden zuschiessen. Zahnluckige Radi-, Nuss-, Zeitungsweiber gehören zu den ständigen Typen dieser Lokalitäten, die in traditionellen Phrasen ihre Artikel anpreisen und nur zeitweilig durch die harmonischen Klänge eines Bierwalzers unterbrochen werden. „Halbe" sind in solchen Räumlichkeiten fast unerreichbar, ein „Viertel" vollends ist ein für ganz München unverständlicher Begriff.

---

[1]) Producirte 1876 450158 hl Bier.

[2]) Auch überseeischer Export.

[3]) Mit kurzem Accent und scharf gezischtem „ß".

Dem entsprechen auch die Produktionsummen.

Jahr	Hektoliter
1874	1 213291
1875	1 238738
1876 [1])	1 269457

Dieses das ganze Jahr andauernde und nur die diversen Lokale wechselnde Treiben wird durch die Salvator- und Bocksaison alljährlich auf angenehme Weise unterbrochen. Die letztere (erste Maihälfte und Frohnleichnamsfest) hat seit Verschwinden des historischen Bockkellers mit den berühmten Schleich'schen Kohlenzeichnungen, mit seinen Mythen, Ceremonien und seinem „Bockblatt"[2]) viel von seiner Poesie eingebüsst und sucht durch die mehr rohen als witzigen Spässe (Huteintreiben, Fässerrollen etc.) im Hofbrauhaushofe vergebens seinen einstmaligen Zauber wieder zu erwecken. Der Salvatorausschank (erste Aprilhälfte) geht noch so ziemlich nach alter Weise im Schmederer'schen Salvatorkeller vor sich; freilich eröffnet jetzt auch nicht mehr, wie ehedem, der Bürgermeister von München die Saison, indem er hoch zu Ross das erste Glas Salvator kostet. Das Lokal selbst ist eine grosse Halle, dessen gebräuntes Gebälk von formlosen Holzpfeilern getragen wird. Die Mitte derselben nimmt ein erhöhter Tritt mit der unvermeidlichen Biermusik ein, um welche sich auf klebrigen Bänken und cyklopischen Stühlen die Gäste lagern. „Guten Morgen, Herr Fischer", intonirt das Orchester und „Herr Fischer guten Morgen" respondirt das Publikum; „hinum, herum, jetzt müss' ma fort, au weh, au weh, jetzt müss' ma fort", und das repetirt sich vom frühen Morgen bis zum späten Abend, nur hie und da wechselnd mit noch geistreicheren Couplets. Das Salvatorbier ist ein stark eingesottenes Getränk süsslichen Geschmacks und ward seiner Zeit von den in der Vorstadt Au wohnenden Paulaner Mönchen erfunden (unter Kurfürst Max I.) und verzapft worden; 1799 ward das Kloster aufgehoben.

Weissbier wird in München wie in Bayern überhaupt noch ziemlich viel getrunken; so waren 1875 im Königreich neben 5125 Brauereien für Braunbier 1399 für Weissbier im Betrieb, welche 270037 hl erzeugten[3]).

Die Leistungen der deutschen Brausteuergemeinschaft[4]) verhalten sich zu denen Bayerns ungefähr wie 5 zu 3. Im Jahre 1876 waren daselbst 12535 Brauereien im Gang, doch wird, wie schon bemerkt, eine stetige Abnahme derselben beobachtet; die Produktionssummen dagegen sind im Wachsen begriffen.

Jahr	Hektoliter
1872	16 102000
1873	19 655000
1874	20 494914
1875	21 358228
1876	20 873400

[1]) Konsum 1876 1074384 hl Bier.

[2]) Wir erinnern hiebei an J. W. Preyer's bekanntes Stillleben „Ein Glas Bock" in der neuen Pinakothek (Kabinet I Nr. 182a) zu München, welches unter Anderem nicht bloss ein Exemplar des Bockblattes aufs täuschendste wiedergiebt, sondern auch die Schleich'sche Kohlenzeichnung an der Rückwand im Allgemeinen veranschaulicht.

[3]) Braunbier waren 11809772 hl gebraut worden. 1876 erzeugten 5191 Brauereien 12158096 hl Braunbier, daneben 1534 Brauereien 283366 hl Weissbier.

[4]) Gesetz vom 31. Mai 1872.

Der Verkehr mit dem Ausland wird auf folgende Summen berechnet:

Jahr	Centner	
	Einfuhr	Ausfuhr
1875	314294	1 019967
1876	346878	1 505792
1877	307352	1 682356

Bei der Einfuhr kommen hier vorzüglich die englischen Biere in Betracht, welche in den Hafenstädten (Hamburg, Bremen etc.) bedeutenden Absatz finden; daneben werden in feineren Kreisen Kulmbacher, Nürnberger sowie Wiener und Pilsner Biere gerne getrunken. Der Export wiederum erfolgt nicht in Gebinden, sondern in Flaschen (Pasteurisation). Der Norddeutsche sieht an seinem Getränke in erster Linie nicht so sehr auf Geschmack und Gehalt, sondern auf Glanz und Mousse. Ein Bierleben beginnt sich erst zu entwickeln, und wie weit der Niederdeutsche hinter dem bayerischen und schwäbischen Bierphilisterium zurück ist, beweist schon die Gewohnheit, erst, bevor er seine Blume antrinkt, ein Gläschen Cognac hinter die Binde zu giessen. Diese Vorliebe für Branntwein u. dgl. war lange ein hartnäckiges Hinderniss für die volle Entfaltung eines ausgeprägten Bierlebens, und auch heutzutage, wenn er auch allenthalben auf Biergärten stösst, fühlt der Süddeutsche nicht das Behagen, das ihn auf seinem Keller so wohlig durchzieht. Kosmetisirte Kellner mit flatternden Fräcken fliegen über den knirschenden Kies zwischen den zierlichen Gartenstühlen und den runden Tischchen hin; in stummer Selbstbeschauung den Kopf in eine grosse Zeitung oder eine Tabakswolke gehüllt, die Beine überschlagen sitzen die abonnirten Gäste an ihren vereinsamten Tischchen, auf welchen die schlanken Flaschen mit ihren zierlichen Etiquetten verwundert die schweigenden Gäste betrachten; — kein Gesang, keine Kegelbahn, keine Masskrüge, keine Radi, keine Madeln, keine — Rafferei![1] Es ist eine gewisse aristokratische Rolle, welche Gambrinus hier im Norden spielt. Die obergährigen Biere freilich hatten lange schon ein bedeutendes Terrain inne, doch wird ihnen dasselbe immer mehr von den untergährigen abgejagt; auch Bierwalzer kann man jetzt in diversen norddeutschen Gärten hören, aber es fehlt die aus dem Volke gewachsene Unmittelbarkeit — es ist Imitation.

Preussen beweist am eklatantesten den so sehr betonten Satz von dem Verschwinden gewisser Kleinbrauereien: 1831 zählte man daselbst noch 16027 Braustätten, 1865 waren sie auf 7426 zusammengeschmolzen — eine Abnahme von 116 %! 1869 war die Summe in Folge der bedeutenden Territorialvergrösserung wiederum auf 11606[2]) gestiegen, aber schon 1871 konnte die Steuerbehörde nur noch 8326 gewerbliche und 2727 nicht gewerbliche Brauereien registriren. 1870 verarbeitete Preussen 3 852080 Zollcentner Braumalz (1872 4 851259 Zctr.), wovon Berlin mit seinen 49 Bierbrauereien[3]) 1871 allein 109569601 l Bier producirte. Zu seinen bedeutendsten Etablissements zählt Berlin das böhmische Brauhaus, Tivoli, Schultheiss, Moabit, Union, Friedrichshöhe, Friedrichshain, Königstadt, Vereinsbrauerei, Bötzow, Flehinghaus etc. 1875 hatten sie zusammen 1 866599 hl producirt, während 1876 sich ihr Malzverbrauch auf 466181 Zctr. belief. Berlin arbeitet fast ausschliesslich für den Lokalbedarf, die Ausfuhr wird ausser Anderem durch hohe Beförderungskosten erschwert. Im Steigen sind begriffen die Konsummassen der bayerischen und der weissen Biere (kühle Blonde); daneben sind aber fremde Biere sehr geschätzt.

---

[1]) Raffen (altbayerisch) = raufen.
[2]) Sie erzeugten im Ganzen 548561400 Quart Bier.
[3]) Sie zerfallen in 22 Bayerischbier-, 14 Weissbier-, 7 Braunbier-, 6 Kunstbierbrauereien.

Sachsen weist dasselbe Phänomen wie Preussen auf: Abnahme der Brauereien, Zunahme der Leistungsfähigkeit. Man vergleiche.

Jahr	Brauereien	Erzeugt in Eimern
1836	831	1 563755
1846	772	1 615115
1856	705	1 536936
1866	713	2 990181
1875	693	4 804804

Trotzdem ist die Einfuhr im Vergleich mit der Ausfuhr eine ganz bedeutende (besonders aus Böhmen); erstere betrug z. B. 1870 468907 Ctr., letztere nur 1633 Ctr. Unter den Bierstädten Sachsens haben D r e s d e n [1]) und C h e m n i t z einen besonders guten Klang.

Von W ü r t t e m b e r g ist neben der schwankenden Ab- und Zunahme der Bierstätten (1870, 2510; 1874, 1753; 1876, 2517) eine ganz bedeutende Steigerung des Exportes [2]) wie der Produktion zu konstatiren. Letztere belief sich in den jüngst vergangenen 25 Jahren auf :

Jahr	Hektoliter
1852	923777
1861	1 517124
1871	2 801085
1876	3 662400

Der Konsum wird auf 195 Liter pro Kopf berechnet. Von württembergischen Produkten ist besonders das U l m e r Bier beliebt.

B a d e n , welches 1877 1443 Brauereien mit 3591 Arbeitskräften verzeichnete, macht sich gleichfalls durch seine bedeutende Produktionssteigerung bemerkbar.

Jahr	Hektoliter
1862	395937
1872	932455
1874	1 122525
1875	1 073495
1876	1 163446

E l s a s s - L o t h r i n g e n endlich steht noch zu kurze Zeit unter deutschem Einfluss, um ein bestimmendes Urtheil zuzulassen; sein Export nach Frankreich ist bereits älteren Datums. Seine Produktion im Jahre 1876 erstreckte sich auf 706700 hl mit 262 Brauereien [3]); pro Kopf 46 Liter.

Ueber O e s t e r r e i c h s Bierproduktion stellen wir eine grössere Reihe von Summen zusammen, da es nicht uninteressant sein dürfte, diesen verhältnissmässig noch jungen Aufschwung genauer zu verfolgen, dessen Konkurrenz ja in erster Linie auf uns selbst gerichtet ist.

Jahr	Eimer	Jahr	Eimer
1841	7 816000	1864	14 584105
1851	10 196000	1865	13 943217
1856	10 310000	1870	16 626445
1860	12 599000	1873	22 378821
1861	11 124000	1874	21 715433
1862	13 443000	1875	21 374330
1863	13 699000		

---

[1]) Felsenkeller, Feldschlösschen, Waldschlösschen, Reisewitz, Bayer. Brauhaus, Gambrinus, Bergkeller etc.

[2]) Sie wird in den 10 Jahren von 1861 — 1871 auf 150 % berechnet; 1861 waren 25819 fl. Steuern bei Ausfuhren vergütet worden, 1871, 64611 fl.

[3]) 1875 763308 hl, 294 Brauereien.

Diese Steigerung der Produktionsummen ist schon eine Garantie für das österreichische Produkt; wenn aber Statistiker aus der nicht zu leugnenden Abnahme der allerletzten Jahre auf eine solche der österreichischen Industriekraft schliessen wollten, so sind sie gewiss zu weit gegangen. Das Jahr 1873 war das einer Hyperproduktion (Ausstellung), die gewaltigen Massen mussten dadurch ins Schwanken gerathen — von einem Rückgang der Industrie aber kann bis heute nirgends gesprochen werden. Unter den österreichischen Bieren machen sich besonders zwei Species bemerkbar: das böhmische (Böhmen, Mähren, Schlesien) von heller Farbe, hopfen- und moussereich mit dauerhaftem Schaum, und das Wiener Bier von höherer Farbe, nicht so hopfenreich, vollmundig und süsslich. Diese Biere müssen, wenn sie munden sollen, im Gegensatz zu den bayerischen Braunbieren, welche eher etwas Wärme und langsameren Ausschank vertragen, kalt getrunken und rasch verzapft werden.

Das österreichische Bierleben hält im Allgemeinen wohl die Mitte zwischen der süddeutschen Nonchalance und der norddeutschen Steifheit, doch ist das bei dem Ueberwiegen der diversen Elemente in den einzelnen Strichen nicht konstant; in Wien z. B. ist die Gemüthlichkeit schon der durchgreifendere Theil.

Am meisten wird in der Monarchie 10- und 13 gradiges Bier gebraut. In Bezug auf die Statistik der Etablissements participirt Oesterreich an den allgemeinen Zeiterscheinungen.

Jahr	Brauereien
1860	3314
1864	3143
1869	2820
1870	2743
1874	2543
1876	2418

Die Verminderung trifft vorzüglich die mit Oberzeug arbeitenden Fabriken.

Ein- und Ausfuhr weisen ebenfalls ein umgekehrtes Verhältniss auf.

Jahr	Centner		Jahr	Centner	
	Einfuhr	Ausfuhr		Einfuhr	Ausfuhr
1859	14238	37587	1873	5279	272788
1865	10060	183202	1874	3855	310817
1867	5889	290010	1875	3173	288590
1869	8808	403550	1875	2880	294074
1871	4003	244263	1877	2885	303361
1872	4701	220351			

An diesen Summen participiren in erster Linie Deutschland, Italien und der Orient; man vergleiche:

Jahr	Bierexport in Centnern nach		
	Deutschland	Italien	via Triest
1867	64067	11516	46751
1871	102462	38780	61384
1872	78208	38784	66739
1873	107681	47911	82798
1874	141219	54209	89816
1875	155505	50055	67458

ausserdem Frankreich, Walachei und Moldau, Bosnien, Serbien und Türkisch-Kroatien.

Fasst man die einzelnen Länder der Monarchie ins Auge, so begegnen wir zuerst Böhmen und Niederösterreich, welche beide jährlich über 7 Millionen Gulden Verzehrungssteuer entrichten. Mähren, Oberösterreich, Steiermark, Galizien, Ungarn zahlen je über 1 Million, Salzburg, Schlesien, Tirol, Vorarlberg und Kärnthen je über 100 bezw. 500 Tausend Gulden.

Unter den österreichischen Bierstädten von Renommee nimmt die Kaiserstadt den ersten Rang
ein. 45 Millionen Gulden werden in Wien jährlich für Bier ausgezahlt. Kleinschwechat,
noch im ersten Viertel unseres Jahrhunderts den Wienern nur dem Namen nach bekannt, rühmt
sich heute, einen Weltruf zu besitzen, die erste Braustätte des Kontinents zu sein, welche
1836 im Ganzen 26560 Eimer producirte, heutzutage täglich 3300 hl Bier erzeugt und das
alles durch das Verdienst Eines Mannes — Anton Dreher, wie wir oben gesehen. Seine
Etablissements, unter der Centraldirektion Deiglmayr's, welche sich ausser Kleinschwechat
auf Steinbruch, Micholup und Triest vertheilen, erzeugten 1872 z. B. 1096245 Eimer. Neben
Schwechat arbeiten für Wien besonders St. Marx (1877 316080 hl), Liesing (1877 185160 hl),
Hütteldorf, Schellenhof, Ottakring, Nussdorf, Brunn, Simmering, Jedlersee, Neudorf, Währing,
Lichtenthal, Döbling etc., die wie ein Kranz den Kern der Stadt umschliessen. Den bedeu-
tenden Verkehr der Kaiserstadt mögen nachstehende Zahlen veranschanlichen.

Jahr	Eimer			
	Erzeugung	Einfuhr	Ausfuhr	Konsum
1785	—	376000	—	—
1802	—	460000	—	—
1840	—	600000	—	—
1850	273636	538453	65201	746888
1860	382610	756036	64774	1073872
1870	568600	1191283	76933	1682950
1875	639650	1439777	127138	1952289

Die übrigen Centren der Produktion, wie das berühmte Pilsen, Prag (32 Brauereien),
Graz, Triest, Krakau etc. auch nur flüchtig berühren zu wollen, würde zu weit führen. Wir
stellen nur noch die einzelnen Länder zum Zweck der Vergleichung zusammen.

Land	Jahr	Brauereien	Erzeugte Eimer	Land	Jahr	Brauereien	Erzeugte Eimer
Böhmen	1860	1040	4424744	Schlesien	1860	84	229946
	1869	988	5650085		1869	67	351483
Niederösterreich . .	1860	138	2561491	Tirol u. Vorarlberg .	1860	146	291270
	1869	121	3435953		1869	139	211209
Mähren	1860	301	1043476	Kärnthen	1860	223	210112
	1869	257	1463310		1869	163	143278
Oberösterreich . . .	1860	282	1309917	Krain	1860	28	41577
	1869	283	949366		1869	17	57123
Steiermark	1860	137	530076	Siebenbürgen . . .	1860	90	88228
	1869	87	552311		1869	83	95675
Galizien	1860	315	752546	Militärgrenze . . .	1860	37	23788
	1869	260	796152		1869	31	51154
Ungarn	1860	368	889119	Kroatien	1860	26	67239
	1869	208	861084		1869	27	32773
Salzburg	1860	75	316621	Küstenlande	1860	5	5815
	1869	70	320176		1869	3	2692

In der Bierbrauerei Grossbritanniens treten uns verschiedene Charakteristica entgegen: einmal die ausschliessliche Anwendung der Obergährung, die erstaunlich geringe Anzahl
von Betrieben (1875 2687 Brauereien mit ca. 800000 Arbeitern), die riesigen Leistungssummen
und endlich die Beschränkung der Erzeugung auf nur zwei Species: das uralte bernsteinfarbene
Ale und den modernen dunkelbraunen Porter[1]). Das Table- und Smallbier können nicht

---

[1]) kam im vorigen Jahrhundert auf. Vgl. Nemnich„Neue Reise nach England" 1807. Man nennt
als Erfinder Harwood,

als eigene Sorten angesehen werden, da ersteres nur das leichteste Gebräu von Ale und Porter repräsentirt, mit letzterem aber die Nachbiere beider bezeichnet werden. England, das 1830 nur 7 670 100 Barrels Bier erzeugte, berechnete 1875 seine Bierproduktion auf 36 597 550 hl (1876 47 000 000 hl). Dem entspricht auch die Konsumstatistik:

1850 . . . . 15 125 775 Barrels
1870 . . . . 25 336 811 „

Die grösste Brauerei Grossbritanniens (überhaupt der ganzen Erde) ist die von Truman in London; täglich 4907 hl erzeugend berechnet sie ihre Jahresproduktion auf 728 300 hl. Daran reihen sich die Etablissements von Whitbread, Brown, Barclay, Meax, Perkins, Bass u. s. w. Letzteres, in Burton-on-Trent gelegen (arbeitet mit 26 Dampfmaschinen), ist gerne Gegenstand englischer Hyperbelnjägerei; so konnte man vor Kurzem lesen, Bass beschäftige 40000 Reisende(!); Thatsache übrigens ist, dass er an die Midland-railroad durchschnittlich 855000 Dollar Fracht bezahlt. England, das auch seine Kolonien die Kunst des Brauens gelehrt (wie man z. B. aus Neuseeland Proben auf der Wiener Weltausstellung sehen konnte), exportirt vorzüglich in diese (Ostindien 1876 z. B. 1 143 157 Gallonen, Australien, Amerika) seine Produkte, daneben auch nach Frankreich (1864 1 342 591 l), Deutschland und dem Norden. Die Einfuhr ist unbedeutend.

Jahr	Ausfuhr in Barrels	Jahr	Ausfuhr in Barrels
1861	378461	1874	559413
1862	464827	1875	504511
1863	491631	1876	484919
1864	498981	1877	459435
1865	561366		

Belgien trinkt vorzüglich drei Arten: Mars (Dünnbier), Lambic (stark und licht) und Faro (ein Schankbier, das vom Wirthe selbst aus Mars und Lambic präparirt resp. gemischt wird). An der Produktion betheiligen sich besonders Brabant, das Hennegau, Ostflandern, Westflandern und Antwerpen. Die Ausfuhr ist eine unbedeutende. An der viel bedeutenderen Einfuhr betheiligen sich am lebhaftesten Deutschland und England.

Jahr	Hektoliter		
	Produktion	Einfuhr	Ausfuhr
1871	7 720668	52747	8940
1872	8 788680	68979	9543
1873	9 188882	81009	6930
1874	9 360219	78377	7981
1875	9 673609	92523	6126

Die Summe der Betriebe ist in den letzten 25 Jahren verhältnissmässig um Weniges geschmolzen.

Jahr	Brauereien
1850	2894
1860	2736
1870	2528
1875	2540

Zu den bedeutenderen Bierstädten rechnet man Gent, Lüttich, Mecheln, Tirlemont, Löwen, Brüssel etc.

Holland, in Folge seiner geographischen Lage zwischen drei Bierländern (England, Deutschland, Belgien), ist den verschiedensten Einflüssen ausgesetzt, und während man in seinen Hafenstädten hauptsächlich Porter und Ale zu trinken Gelegenheit hat, wird an seiner östlichen Grenze bayerisches und Wiener Bier, an seiner südlichen Faro und Lambic vorgezogen. 1876 erzeugten seine 560 Brauereien 1 525 000 hl, während 1875 von 580 Braustätten 1 356 000 hl producirt worden waren. Der holländische Export richtet sich vorzüglich nach Belgien, Java und Surinam.

Jahr	Liter	
	Einfuhr	Ausfuhr
1874	1 158 000	1 459 000
1875	1 187 000	1 526 000
1876	1 214 000	1 705 000

Bierorte von Renomée sind Amsterdam, Geldern, Nymwegen, Maastricht.

Frankreich weiss dem deutschen Beobachter besonders durch seinen Import Interesse abzugewinnen. 1842 noch 3 809 935 hl, 1858 6 806 672 hl erzeugend hat es seine Produktionskraft 1875 bis auf 7 355 515 hl hinaufgeschraubt, was es seinen Dampfbrauereien, deren es im selben Jahre 548 im Gang hatte, zu danken hat. Die Erwartungen, welche das Pasteur'sche Revanchebier hervorrief, werden wohl noch einige Zeit in Spannung bleiben. Die französischen Brauer kultiviren mit Vorliebe zwei Biersorten, das Lagerbier (stark) und das Schankbier (schwach, la petite bière). Daneben finden auch fremde Biere (deutsche, englische, belgische) gewohnten Absatz. So importirte Frankreich:

Jahr	Einfuhr in hl
1862	42991
1863	44576
1864	41141

Davon kam aus Deutschland und England:

Jahr	Einfuhr in hl	
	aus Deutschland	aus England
1862	27821	14721
1863	28785	11722
1864	24467	13425

Der gegenwärtige Grenzverkehr gestaltete sich so:

Jahr	Hektoliter	
	Einfuhr	Ausfuhr
1874	246110	24902
1875	271099	31233
1876	297051	23571

Der Einzelantheil an der Einfuhr beziffert sich in folgenden Grössen:

Jahr	Einfuhr in hl aus		
	Deutschland	Grossbrit.	Oesterreich
1874	209616	14978	10829
1875	231799	16562	12284
1876	255808	16719	9698

Frankreich im Detail vom bierologischen Standpunkt betrachtet, kann uns nur Paris[1]) fesseln, da der Süden zu sehr Weinland ist und der Norden mit seinen Grossbrauereien von

---

[1]) Andere Bierstädte von Renommée sind St. Dié, Arras, Amiens, Lyon etc.

Lille etc. neben Deckung des eigenen Bedarfs seine Biertransporte fast nur nach Paris richtet. Ehedem war Elsass die französische Bierquelle der Hauptstadt, und Strassburg, welches 1866 197320 hl nach Paris sandte, hatte schon 1800 79620 hl in die Seinestadt geführt. Nach den Ereignissen von 1870 und 1871 hatte man einen Umschlag nicht ohne Bangen entgegengesehen und waren auch auf französischem Boden diesbezügliche Anstrengungen hiezu gemacht worden (neue Anlagen bei Nancy), allein die Beliebtbeit des Strassburger Gebräues war doch zu tief gewurzelt, als dass sie sich hätte vernichten lassen. Dazu kam, dass seit der Pariser Weltausstellung von 1867 die bayerischen und österreichischen Biere doch zu viel Boden gewonnen hatten und so die Biertransporte von Mainz, Frankfurt, München, Wien eher zu- denn abnehmen. Freilich wird in einem Weinlande wie Frankreich an die Erreichung einer Bierkultur wie auf deutschem Boden nie zu denken sein, und wenn man liest, dass in Paris 1876 neben 23,9 Millionen Liter Bier 390,4 Millionen Wein getrunken wurden, so wird man hierin nur eine Bestätigung finden. Dazu kommt, dass die französischen Weine an Ort und Stelle immens billig sind, das Bier aber allgemein als Luxusgetränk betrachtet und als solches bezahlt wird [1]; als dieses wird es auch vom Fiskus betrachtet, welcher seit 1871 die Abgabe von 4,5 Franken auf 8 Franken geschraubt hat, ohne indess dem Konsum Eintrag zu thun. In Paris wird das Bier vorzüglich in Flaschen getrunken, von denen die grossen Kaffeehäuser im Sommer täglich je 800—2000 verkaufen. Der Konsum entwickelte sich folgendermassen:

Jahr	Jährlich Liter	
	totaliter	pro Kopf
1781 — 86	5 364400	8,96
1806 — 16	7 212900	11,94
1841 — 45	12 788400	12,85
1856 — 59	30 703500	25,03
1870 — 73	23 862200	12,88

Paris selbst producirt im Verhältniss sehr wenig, und ausserdem wird in seiner Leistungsfähigkeit seit 1824 eine Abnahme beobachtet, indess der Import in vollem Wachsthum begriffen ist [2].

Jahr	Hektoliter		Jahr	Hektoliter	
	Einfuhr	Produktion		Einfuhr	Produktion
1801	5551	?	1841	13952	108605
1806	361	58789	1851	21563	88930
1811	518	96764	1861 [3]	191094	185210
1821	914	118879	1871	145940	32351
1824	1891	152514	1876	204072	28561
1831	5582	106777			

Bei den übrigen Ländern Europas kann ich mich kurz fassen.

Spanien ist auch nicht ganz bierarm. Englische, Wiener und Erlanger Exporte haben ihren Weg selbst bis Madrid gefunden, und die Stadt, welche 1867 bereits 5 Brauereien besass, die 448000 l Bier erzeugten, braute 1873 in seinen auf 8 gewachsenen Braustätten bereits 2 500000 l Bier. Die erste Brauerei der Residenz, „Santa Barbara", soll ein vorzüglich bayerisches Getränk zu Stande bringen.

Italiens Fabbricanti di Birra leisten bis heute zu wenig, um Zahlen daraus zu formiren; ihr Produkt ist ein leichtes, obergähriges Bier; das meiste Bier, welches in dem rebenreichen

---

[1] Der ½ Liter kostet im Café 60 cts. bis 1 frc.

[2] 1750 besass Paris 40 Bierbrauereien, welche 17000 Fass Bier erzeugten, 1782 nur noch 23 Braustätten mit 26000 Fass Produktion.

[3] 1861 waren in Paris 43 Braustätten, 1871 noch 22 thätig.

Lande getrunken wird, ist aber fremdes (österreichisches) Fabrikat. Südlich von Neapel erhält man überhaupt kein Bier mehr. Von einer Ausfuhr kann man kaum sprechen.

Jahr	Biereinfuhr		Bierausfuhr	
	in Fässern: hl	in Flaschen: Stck.	in Fässern: hl	in Flaschen: Stck.
1875	50815	33200	153	3000
1876	36672	23700	117	600
1877	41610	33400	1606	100

Welche Resultate der neue Schutzzoll erzielen wird, wird abzuwarten sein. Sicilien importirt österreichisches Gebräu.

Der übrige Süden scheint sich mehr und mehr der Bierkultur zu erschliessen. Athen, welches nicht weniger als 20 Brauereien besitzt, bezieht seine Rohmaterialien aus Deutschland, importirt daneben noch Flaschenbier aus Wien und München. Auch in Konstantinopel gewinnt das Bier mehr und mehr Eingang, doch fehlen zuverlässige Daten.

Das kalte Russland mit seinen Legionen von Schnapskneipen hat sich seit den letzten 25 Jahren ganz enorm emporgearbeitet; damals zählte man im Ganzen nur 60 Brauereien, heute arbeiten über 400 auf russischem Boden. Der Konsum steigert sich von Jahr zu Jahr, und wenn heute noch Russland 180 Millionen Rubel Branntweinsteuer einnimmt, so dürfte diese Summe bald durch die Bottichsteuer eine entsprechende Reduktion erfahren, um so mehr als die russischen Bierfabrikanten nicht etwa von temperenzlerischen Umtrieben zu fürchten haben — denn Abstinenzvereine sind cum infamia verpönt. Der Betrieb ist zum grössten Theil in deutschen Händen und vermag bis heute noch nicht den Bedarf zu decken; daher ist der Import ein ziemlich lebhafter, und Oesterreicher und Engländer führen ohne Unterbrechung ihre Produkte zu Wasser und zu Land an die russischen Grenzen.

Der europäische Norden, der germanische Ursitz der neoelverschleierten Biermythologie, hat bis heute noch seine Traditionen gewahrt. Treu der alten Sitte braut der Nordländer seinen obergährigen Trank im eigenen Hause, und Steuern — Steuern zahlt und kennt man nicht. Norwegen allein macht von der letzteren guten Sitte eine Ausnahme und kassirt jetzt jährlich mehr denn eine Million Mark ein[1]); dafür aber braut zu Hause, wer's Bedürfniss fühlt, und mit polizeilichen Feuerverschlüssen, amtlichen Saccharometerproben wird hier Niemand vexirt. Man berechnete 1870 die Produktion auf 250000 hl. Schweden erzeugt jährlich ca. 900000 hl; Dänemark weit über eine Million. Letzteres wendet die Untergährung in grossem Massstab an, welche der verdiente Jacobsen 1845 daselbst zur Geltung brachte; in Schweden und Norwegen ist die Anwendung der bayerischen Methode noch beschränkt.

Ueber Amerikas Bierzustände liesse sich ein eigenes Buch schreiben, und es ist zu bedauern, dass es noch nicht geschehen ist. Bei den Staaten Europas klingt doch immer wieder die Analogie mit den Verhältnissen der Nachbarländer durch, drüben über dem Ocean gehen dieselben nur zu oft verloren. — Wir fassen uns kurz. Die Grossindustrie Amerikas ist eine blutjunge. In den vierziger Jahren ward dort noch kein Tropfen Lagerbier gebraut; 1876 konnte der Präsident der „Brewers and Malsters-Association" bei Eröffnung der Brewers-Hall auf der Weltausstellung zu Philadelphia das Bier als das eigentliche amerikanische Nationalgetränk bezeichnen, welches den Whiskey immer mehr aus dem Felde drängt. Engländer hatten den Amerikanern den Genuss und die Bereitung des Bieres vermittelt, Deutsche hatten das Gewerbe grossgezogen, und in ihren Händen ruht noch heute der Betrieb. Eine exemplarische Einheit herrscht unter den Fachleuten, welche nicht allein durch die Schikanen der Administration in Washington, die fortwährenden Konflikte mit Steuergesetz und Steuerbeamten bedingt ist, sondern auch bei den endlosen Denunciationen und Verleumdungen, dem Kampf gegen Intoleranz und Nativismus gewissermassen naturnothwendig ist. Dazu

---

[1]) Der Centner einzuweichender Gerste wird mit 9,57 Mk. versteuert.

kommen noch die Reibereien mit den Wirthen. Es wird gewiss Niemand das Gewerbe des Wirthes ein illegales und unehrliches nennen wollen, aber es drängen sich drüben so manche Individuen in diese Erwerbsklasse, die auf Kosten der Brauer sich zu bereichern, und wenn dieses nicht geht, zu falliren verstehen, dass es in manchen Staaten zu bedenklichen Konflikten Veranlassung gab. In New-York riefen derartige Erfahrungen 1875 einen Brauerverein „Mutual Protective Association" zu gegenseitigem Schutz ins Leben, der einen greifbaren Erfolg aufweist: 757 Wirthe, die ihre Bierschuld an die Brauer nicht zahlten, wurden im ersten Jahre proscribirt.

Die erbittertste Feindin des amerikanischen Brauers aber ist die Temperenzmanie. Signalisirt irgend ein Blatt einen Tumult, eine Prügelei, einen Mord oder Todtschlag, dann werden Artikel und Traktätchen geschrieben, Bitt- und Betgänge veranstaltet, Reden und Versammlungen gehalten und Massregeln berathschlagt gegen das vernunftraubende Gerstengetränk. Man rennt in die statistischen Bureaus, trägt alles Mögliche und Unmögliche zusammen und beweist dem Publikum mit sichtbaren Zahlen, dass alle Antitemperenzler verkommene Menschen sind. Im Sommer 1874 grassirte in der neuen Welt eine Kinderseuche — nur die versoffenen Mütter! schrie man in den Kongressen, und die Ursache des Uebels war ermittelt. Uebrigens würde man sich gewaltig täuschen, wollte man die Temperenzbegeisterten ausschliesslich für Wasserphilosophen halten. In Providence R. I. wurden 1873 eine Masse Champagner und Brandy in Fässern und Kisten bei Händlern gefunden und konfiscirt; bald darauf erlosch das Gesetz, die Händler erhielten ihr Eigenthum wieder, die Hälfte der Flaschen war — leer. Und die Konstabler der Exekutive waren Männer, die wegen ihrer strikten Temperenzideen den Posten erhalten hatten [1]).

Aber trotz all dieser Gegenbemühungen entfaltet sich das Gewerbe aufs erfreulichste: der Bierimport schmilzt, der Export wächst, die Verwendung der Rohmaterialien ist zunehmend eine solche der inländischen (feinere Gersten- und Hopfenkultur).

Jahr	Produkt in hl
1863	2 200000
1875	12 530000

Man zählte im selben Jahre (1875) 2783 Brauereien mit 35400 Arbeitern. Nach der Leistungsfähigkeit ordnen sich die einzelnen Staaten ungefähr folgendermassen: New-York [2]), Pennsylvania, Ohio, Illinois, New-Jersey, Massachusetts, Wisconsin, Missouri, California, Maryland, Michigan, Indiania, Iowa, Kentucky, New-Hamshire etc. Namen wie Clausen, Ehret, Ruppert (New-York), Best, Schlitz (Milwaukee), Rueter und Alley (Boston), Bergner (Philadelphia), Windisch (Cincinnati) geniessen überseeischen Ruf. Die Erzeugung erstreckt sich fast ausschliesslich auf Lagerbier, Porter und Ale, von denen die beiden letzten Gattungen besonders in amerikanischen und englischen Brauereien erzeugt werden. Das Flaschenbiergeschäft macht sich dabei hauptsächlich bemerklich und betheiligt sich auch mit Lebhaftigkeit am Export (Central- und Südamerika). Der Import, an welchem England und Deutschland [3]) regen Antheil nehmen, wird folgendermassen berechnet:

Jahr	hl
1873	104000
1875	98055
1876	67750

[1]) „Amerikanischer Bierbrauer".
[2]) producirt jährlich gegen 1,5 Millionen Barrels Lagerbier und 3,5 Millionen Bushels Malz.
[3]) Deutscher Export nach Amerika: 1875 für 32 351716 Dollars,
1876 für 26 427448 Dollars.

Zur Vergleichung dieser einzelnen Länder sei noch eine Zusammenstellung nach der Allgemeinen Hopfenzeitung angefügt.

Länder	Producirte hl	Bierbrauereien	Liter pro Kopf
Grossbritannien	47 000000	26214	143
Deutsches Reich . . .	40 187700	23940	94
Vereinigte Staaten . .	14 978800	3293	38
Oesterreich	12 176900	2448	34
Belgien	7 942000	2500	149
Frankreich	7 370000	3100	21
Russland	2 210000	460	3
Niederlande	1 525000	560	41
Dänemark	1 100000	240	59
Schweden	900000	300	23
Schweiz	750000	400	28
Norwegen	650000	150	37
Luxemburg	50800	26	25

Der Werth des jährlich in Europa erzeugten Bieres wird auf 2400 Mill. Thaler berechnet.

Wenn wir vorliegende Berichte über Brasilien (Rio de Janeiro, Lieden, Independencia etc.), Ostindien (Punjab), China, Japan (Takio) übergehen, so geschieht dies nicht nur, weil diese Lande unserem Gesichtskreise doch zu entfernt liegen, sondern auch, weil die daselbst zu Tage tretenden Verhältnisse insgesammt sich nur als Ausläufer des Aufschwunges auf europäischem Boden darstellen. Bierähnliche Getränke vollends, von denen wir meist nicht mehr als die Namen aus Reisebeschreibungen kennen, wie das Tchao-Mien der Chinesen, der Sackky [1]) der Japanesen, das Cocouin der Antillen, das Utschualla der Kaffern etc., aufzuzählen, würde den Grenzen und Zwecken dieser Zeilen zu entlegen sein, um so mehr als ja diese Getränke entweder doch nur in Folge ihrer Bereitung oder der dazu verwandten Materialien sehr vage Analogien wären zu unserem Biere, oder die Trinker derselben doch zu abseits vom Geschichtsgange der civilisirten Völker sich befinden, als dass man von einem Einfluss jener auf diese sprechen könnte.

Mancher wichtigere Name, manche bedeutungsvolle Zahl wäre noch zu nennen, indessen mögen diese wenigen Striche genügen zur Andeutung des Umrisses, in welchem es dem Leser leicht sein wird, entsprechendes Detail an passender Stelle einzufügen. Wenn das Ganze scheinbar in eine statistische Vergleichung auslief, so ist dies doch nur scheinbar; die modernen Zustände verlangen nun einmal arithmetische Fixirung, und objektive Thatsachen lassen sich bei den riesigen Massen, mit welchen unser Gewerbe gerade arbeitet, am fasslichsten durch Summen darstellen. Die durchlaufende Beschreibung ist mehr der rothe Faden, welcher die Einzelheiten verkettet, als sie selbst zur Anschauung bringt. Im Alterthum sind die Anknüpfungspunkte die Stellen der Klassiker, im Mittelalter die Nachrichten der Chronisten, in der Neuzeit die statistischen Nachweise; nur den kausalen Zusammenhang unter einander hat der Historiker zu erforschen, das Uebrige ist lauter Gegebenes.

Die Geschichte der Industrie ist an einem Zeitabschnitt angelangt, dessen Markstein die Pariser Weltausstellung bildet. Dampfwagen und Dampfschiffe haben aus allen Ecken und Enden die Produkte zusammengetragen, und der Gewerbsmann wie der Forscher durchmustert die Resultate des Menschenfleisses der vergangenen Jahre. Deutschland allein ist zu Hause geblieben; die Stammvettern (Oesterreich) haben es übernommen, zu repräsentiren, und ruhig arbeitet der Deutsche weiter, mehr und mehr die Lücke zu füllen, die er nicht leugnen kann und will. Die Ueberzeugung, dass noch viel zu thun sei, ist eine allgemeine und auch unsere

---

[1]) Die Bereitung und Beschaffenheit dieses Bieres ist vor Kurzem, nachdem diese Abhandlung von Planitz zum Druck übergeben war, von Korschelt in Dingler's polyt. Journal (1878) ausführlich beschrieben worden.   D. Red.

Bierindustrie bedarf noch mancher Berichtigung und Korrektur. Vieles ist schon geschehen; die Einrichtungen sind einheitlicher geworden, der Betrieb hat sich zum kontinuirlichen umgestaltet, Genossenschaften sind erstanden, die Wissenschaft arbeitet unermüdlich, die Zahl der hartnäckigen Rückwärtser, gebannt durch Vorurtheil und Besserwissen, schmilzt zwar langsam, aber sicher. Ruhig kann der Zymotechniker der verschleierten Zukunft entgegenblicken; eine Décadence liegt noch in weiter Ferne, in um so weiterer, je mehr jeder Einzelne mit voller Spannkraft eintritt für die Forderungen der Vernunft und des Fortschritts. Freilich leben wir rascher wie unsere Vorfahren, man ist gewohnt, die Gegenwart das Zeitalter der Dampfkraft zu nennen; allein die Wurzeln, welchen unsere moderne Industrie entsprossen, sind schon zu tief, zu weit verzweigt, als dass eine plötzliche Vernichtung zu fürchten wäre, und banglos und zuversichtlich mag jeder Freund der Zymotechnia der kommenden Zeit entgegensehen mit einem berechtigten

Floreat! Crescat!

Schlussbemerkung. Im geschichtlichen Theil dieses Aufsatzes hat mein Bruder A. v. d. Planitz mitgewirkt, wofür ich demselben hier meinen Dank ausspreche; dessgleichen bin ich Herrn Professor Dr. Holzner für dessen freundliche Unterstützung zu besonderem Danke verpflichtet.

www.ingramcontent.com/pod-product-compliance
Lightning Source LLC
Chambersburg PA
CBHW081236190326
41458CB00016B/5799